세계사를 바꾼
50가지 전쟁 기술

세계사를 바꾼
50가지
전쟁기술
로빈 크로스 지음
이승훈 옮김
고대 전차부터 무인기까지,
신무기와 전술로 들여다본 승패의 역사

아날로그

들어가며

고대 세계의 제국들부터 21세기의 초강대국에 이르기까지 인류 역사는 전쟁과 전쟁을 일으키는 데 사용된 무기와 불가분의 관계를 맺어왔다. 진보한 문명을 낳은 기술은 전쟁이라는 암울한 사업을 수행하는 데도 응용되었다. 19세기에 처음으로 해변에서 휴가를 보내려는 노동자들을 실어 날랐던 열차는 1914년에 수백만의 젊은이들을 전쟁터로 실어 날랐다. 이로부터 거의 한 세기 뒤인 2000년에 접어들어서는 삶의 거의 모든 측면을 지배하다시피 한 컴퓨터 혁명이 우리를 전쟁의 다섯 번째 차원으로 끌어들였다. 지금 각국 정부는 사이버 공간이라는 시공간을 초월해 전 세계가 연결된 공간에서 거칠게 서로를 떠밀고 있다.

고대의 전차부터 2009년 이란의 핵농축 프로그램을 무력화한 강력한 악성 컴퓨터 웜 바이러스 스턱스넷까지를 다루는 이 짧은 역사책은 2,500년 전부터 지금까지 개발된 가장 중요한 무기들이 전쟁의 승패는 물론 더 나아가 인류의 삶에 끼친 영향을 기록한 책이다. 어떤 의미에서는 모든 것이 바뀌었지만 또 다른 의미로 바뀐 것은 거의 없다.

역사 전체를 통틀어 군사 계층은 전통적으로 사회에서 가장 보수적인 구성원 가운데 하나였다. "움직이기만 하면 고치지 말라"는 수 세기 동안 보수적인 로마군에 깊숙이 뿌리박힌 관례였다. 1914년에 유럽 대륙으로 파견된 영국 원정군은 "총탄은 말을 저지하지 못한다"라고 믿는 기병대 출신 존 프렌치 사령관의 지휘하에 전장으로 갔다. 그러던 것이 19세기와 20세기에 이르러 기술과 전술 변화 속도가 군대를 통제하는 다수의 군사 계층으로부터 통제력을 빼앗을 정도로 위협적이 되었다. 권총과 꼬챙이로 무장한 조종사와 관측수를 태우고 하늘로 날아올라 서부전선 상공에 투입된 1914년의 빈약한 군용기는 그 후 반세기도 지나지 않은 1945년에 일본 본토에 원자폭탄을 투하할 능력을 보유한, 첨단기술의 종합인 B-29 슈퍼포트리스 폭격기로 진화했다.

1945년 이래 변화의 속도는 더욱 가차 없이 빨라졌다. 오늘날 전장의 주인공이던 주력 전투전차(MBT)는 도태될 위협에 직면했다. 무인전투기(UCAV)의 도입과 더불어 고도로 훈련받은 세계 유수의 공군 소속 인원들의 존재도 위협받고 있다.

한편 이와 대조적으로 제3세계 국가에서 전 지구적으로 벌어지고 있는 비대칭적 분쟁은 20세기가 낳은 가장 주목할 만한 어떤 무기가 여전히 살아 있음을 증명한다. 바로 1940년대 후반에 개발되어 지금도 전 세계적으로 사용되는 칼라시니코프 돌격소총이다. 개발한 지 70년이 넘은 이 치명적 무기는 여전히 연 25만 명을 살상하고 있다.

핵무기 등장 이후 대규모 국가 간 전쟁은 공멸을 의미하므로 더 이상 벌어지지 않고 있다. 하지만 여전히 세계 곳곳에서 끊임없이 크고 작은 전쟁이 벌어지고 있으며 이는 전쟁 당사국뿐 아니라 전 세계에 영향을 미친다. 이 책은 전쟁사의 중요한 사건들을 통해, 인류의 역사를 새로운 방식으로 들여다보게 해줄 것이다.

옮긴이 후기

인류가 전쟁이 없는 세상을 꿈꾼 지는 오래되지만, 불행히도 2022년의 우크라이나-러시아 전쟁, 2023년의 이스라엘-하마스 전쟁처럼 전쟁은 지금도 일어나고 있다. 결코 있어서는 안 될 일이지만 부정적이든 긍정적이든, 전쟁은 기술과 전술에서 시작해 법과 윤리, 예술에 이르기까지 광범위한 흔적을 남기며 세계사를 바꿔왔다.

『세계사를 바꾼 50가지 전쟁 기술』은 기술과 전술이 어떻게 전쟁에 영향을 주어 세계사를 바꾸었는지를 다룬 책이다. 바퀴 두 개가 달린 게 고작인 고대 전차부터 최첨단 무인기까지, 이 책에서 50가지로 정리된 기술과 전술은 정교함도 제각각이며 어떤 것은 오래가기도 하고 다른 것은 단명하기도 했다. 일부는 특정 개인의 작품이기도 하고 어떤 것은 오랫동안 여러 집단의 힘으로 만들어진 것이다. 그러나 누가 어떤 과정을 거쳐 만들었든 이 50가지 기술과 전술이 전쟁과 세계사에 큰 흔적을 남긴 것만은 확실하다. 어떤 것은 우리에게 익숙하고 어떤 것은 익숙하지 않으나 그 익숙함의 차이가 중요성의 차이를 뜻하지는 않을 것이다.

저자는 이 50가지 기술과 전술을 시대순으로 나열해 역사의 전환점에서 이들이 수행한 역할을 설명한다. 그중 가장 큰 비중을 차지하는 것은 무기 기술이다. 그러나 저자는 기술을 그 자체로만 설명하지 않고 다른 기술과 어떻게 상호작용하며 전쟁의 양상과 나아가 세계사를 바꿨는지를 보여준다. 예를 들어 화약 기술의 발달은 축성술에 큰 영향을 주었고 현대의 무인기와 스텔스 기술은 전차 기술의 발전 방향을 바꾸고 있다. 이러한 기술은 서로를 바꾸고 전쟁과 역사를 바꿨을 뿐 아니라 우리의 생활을 바꾸기도 한다. 레이더의 개발은 전자레인지의 개발로 이어졌으며 더 빠른 전투기를 만들기 위해 개발된 제트엔진 덕에 현대의 우리는 제트여객기로 더 빠르게 여행할 수 있게 되었다.

기술뿐 아니라 마케도니아의 알렉산드로스, 프로이센의 프리드리히 2세, 프랑스의 나폴레옹처럼 한 개인이 만든 전술이 전쟁과 역사의 방향을 바꾸기도 한다. 그러나 앞의 기술과 마찬가지로 전술 역시 무기 기술 및 상대방의 전술과 상호작용하며 발전한다. 즉 전술이든 기술이든 단독으로 존재하는 것은 없으며 상호작용 속에서만 의미가 있다. 기술과 전술 외에도 저자는 대량 생산같이 기술과 전술을 모두 바꾼 사회 현상도 다루는데 이들의 공통점은 상호작용이다. 상호작용 없는 기술이나 전술은 일회성으로 역사에 영향을 줄지는 몰라도 오래 가지도, 큰 영향을 주지도 못했다.

이 책을 번역하면서 세계사를 바꾼 무기 기술과 전술을 간략하게 정리해도 50가지나 된다는 데 놀랐다. 물론 이 분야를 더 잘 아는 사람이라면 50개는 부족하고 몇백 개는 되어야 한다고 할지도 모르겠다. 그러나 수량에 상관없이 이 기술과 전술은 결국 상호작용을 통해 역사의 흐름에 영향을 주어 우리가 아는 세계를 만들었다. 다만 이들이 전쟁이라는 파멸적 과정을 거쳐야만 했다는 점은 아쉽다. 앞으로는 전쟁을 거치지 않고도 발전한 기술이 세계사에 긍정적 영향을 주기를 희망한다.

이승훈

차례

Chapter 5. 산업과 전쟁

Chapter 6. 제1차 세계대전

Chapter 7. 제2차 세계대전

(Chapter 1)

고대 세계의 군사 제국들

01 · The Chariot

전차

(기원전 2600~기원후 약 83)

고대 세계의 탱크

남부 메소포타미아에서 기원전 2000년대에 번영한 수메르인의 도시국가는 초기 제국 시대에 대오를 갖춘 중장보병heavy infantry이 있었다는 가장 오래된 증거를 우리에게 남겼다. 멀리 떨어진 곳까지 군사 원정에 나섰던 이들은 팔랑크스Phalanx의 선구자에 해당한다.

수메르인의 도시국가 군대는 바퀴 달린 차량을 이동식 발사대로 사용한 첫 군대이기도 하다. 남부 메소포타미아의 우르Ur에서 발견된 군기(기원전 2600~2200년경 사용된 것으로 추정)에 그려진 그림에 묘사되었듯 최초의 전차는 당나귀 혹은 이보다 더 크지만 가축화하기 어려웠던 아시아 야생당나귀가 끄는 통짜 바퀴가 달린 볼품 없는 수레였다. 수레를 끈 짐승은 지금은 멸종한 노새와 비슷한 잡종 동물이었을 것이다.

그림에 따르면 짐승들은 끌채에 달린 멍에에 묶여 있었고 이 축에 설치된 고리와 연결된 고삐로 제어되었다. 이 전차에는 두 사람이 타는데 전차 몰이꾼과 창 혹은 도끼를 휘두르는 병사다. 전차 앞부분에는 창 집이 튀어나와 있다. 이 전차들이 실전에서 어떻게 배치되었는지를 보여주는 증거는 없다. 하지만 무거운 바퀴가 4개 달린 수레는 다루기에 거추장스러웠고, 야생 당나귀는 적에게 탐나는 목표였을 것이다. 이 전차들은 전장에서 기동했다기보다 전장까지 병사를 운반하는 수단으로 사용된 것으로 보인다.

• 병참

기원전 2000년대 초의 몇 세기에는 전술 부문에서 주목할 만한 혁신이 이루어졌다. 나무를 구부리는 공법이 개발되어 살이 있는 바퀴를 제작할 수 있게 되면서 전차 무게가 더 가벼워졌다. 또 합성궁composite bow이 개발되어 빠르게 움직이는 전차에서 발사체를 더 빨리 발사할 수 있게 되었다. 하지만 전차 제작, 말의 사육과 관리, 전차 몰이꾼과 전사를 훈련하는 데 비용이 매우 많이 들어 대규모 병참 지원이 필수적이었다.

야전에서 다수의 전차대를 유지하려면 군대는 상당한 수의 바퀴 제조자, 전차 제작자, 활 제작자, 대장장이와 병기 제작자가 필요했다. 실제 원정을 떠나 여분의 마필을 관리하고 손상된 전차를 수리하려면 사람이 더 많이 필요했다. 전차대 운용은 한 나라의 군사력을 대변하는 중요한 상징이 되었다. 당시의 강대국—이집트와 지금의 중부 튀르키예에 있는 히타이트Hittite, 지금의 이라크에 있는 아시리아Assyria—은 모두 전차를 운용한 대표적인 국가들이다.

· 이집트

기원전 1600년경부터 이집트는 말, 경량 전차와 합성궁을 새로이 결합한 강력한 무기로 세력 확장에 나섰다. 이집트가 보유한 수만 명의 군대 뒤에 풍부한 인구와 자원이 있었기에 이집트는 안정된 국경 너머로 세력을 뻗어나갈 수 있었다.

기원전 1485년경, 지중해 연안을 따라 북상하던 파라오 투트모시스 3세Tuthmosis III는 메기도Meggido 근처(지금의 이스라엘)에서 자신을 가로막은 현지 연합군과 맞닥뜨렸다. 메기도는 남부 시리아로 통하는 경로를 지배할 수 있는 요충지였다. 투트모시스는 속도와 기습 요소를 이용해 방어군을 압도하고 이들을 메기도에서 포위했다. 도시는 6개월에 걸친 포위전 끝에 항복했다.

이집트의 전차는 결정적 순간에 도착해 투트모시스에 대항하는 현지 연합군을 분쇄함으로써 메기도 전투에서 핵심적 역할을 했다. 전차는 가치가 높은 무기였고 전투에서 결정적 순간에만 투입될 수 있었다. 적 보병대 사이로 돌입해 대형을 무너뜨리는 것이 전차의 임무였다. 전황이 뒤바뀌면 전차는 적의 추격을 맡았다. 모든 전투에서 바로 이 단계에 대부분의 인명과 장비 손실이 발생했으며, 전차에 쫓기는 경우 군대는 와해되고 완패로 이어질 수 있었다.

> " 북쪽 나라들의 모든 군주가 메기도에 갇혔다. 메기도를 탈취하면 천 개의 도시를 탈취한 것이나 마찬가지다.
>
> \- 투트모시스의 명문에서

· 카데시 전투

원래 튀르키예 중부에 자리 잡았던 히타이트 제국이 이집트 제국의 확장을 막는 다음 장벽이 되었다. 기원전 13세기 초, 파라오 람세스 2세Ramses II는 카데시Qadesh를 함락하기 위해 군대를 이끌고 서부 시리아로 왔다. 카데시는 히타이트와 대결하러 가는 람세스를 가로막은 장애물이었다. 기원전 1274년 양측은 카데시에서 마주쳐 싸웠다. 처음에는 이집트군이 히타이트의 전차대 공격 때문에 혼란에 빠졌으나

이륜 전차

현존하는 진흙 모형을 보면 4륜 전차보다 더 소형이고, 바퀴가 2개 달린, 이른바 '이륜 전차Straddle Car'가 있었던 것 같다. 이 전차는 차축과 바퀴 2개로 구성되었고, 차축 위를 통과하는 끌채에 세로로 세워진 막대기에 안장이 설치되었다. 지금은 더 이상 역사적 기록이 없어 이 수레가 운용된 방법은 알 수 없다. 하지만 이 이륜 전차는 무기체계의 발전에 상당한 자원을 투입하고자 하는 인류의 지칠 줄 모르는 욕구—고대부터 지금까지 끊임없이 이어지는 군비 경쟁의 근원—를 보여주는 좋은 증거다.

두 번째 이집트군 부대가 현장에 도착하면서 상황이 수습되었다. 카데시 전투는 전차 수천 대가 투입된 소모적 전투였고 양군 모두 피해가 컸다. 두 세력은 서로 싸우지 않겠다는 협약을 맺음으로써 적대관계를 끝냈다.

• 페르시아

기원전 첫 1000년대 중반, 페르시아인들은 낫이 달린 바퀴로 전차 운용 기법을 개선했다. 그리스의 군인이자 역사가인 크세노폰Xenophon(기원전 425~335년경)은 키루스 대왕Cyrus the Great(기원전 530년경 사망)이 낫이 달린 전차를 도입했다고 썼으나 4세기의 역사가 크니도스의 크테시아스Ctesias of Cnidus에 따르면 이보다 더 일찍 도입되었다고 한다. 인도 사료에 따르면 아자타샤트루Ajatashatru왕(기원전 494~467) 치세의 마우리아 제국이 브리지 연맹Vriji confederacy에 대한 원정에서 낫이 달린 전차를 사용했다고 한다. 어쨌건 낫이 달린 전차가 페르시아인이 채택한 인도인의 발명품인지, 아니면 페르시아인의 발명품을 인도인이 채택한 것인지는 알 수 없다.

> **그리고 솔로몬이 전차와 기병을 모으매 전차가 1,400이요, 기병이 1만 2,000이라. 전차성에도 두고 예루살렘의 왕과도 함께 두었으며**
>
> **-『구약성서 역대기하 14』**

소小 키루스Cyrus the Younger(다리우스 2세Darius II의 아들로 형 아르타크세르크세스 2세Artaxerxes II에 대항해 반란을 일으켰다가 기원전 401년경에 전사했다.—옮긴이)는 전차를 대량으로 운용했다. 그러나 전차가 전장에서 활약할 날은 얼마 남지 않았다. 기원전 331년의 가우가멜라Gaugamela 전투에서 알렉산드로스 대왕의 군대는 페르시아 전차가 제멋대로 달려 지나가도록 대열을 열어준 후 뒤쪽에서 공격했다.

• 켈트족

북유럽에 살던 켈트족The Celts은 기원전 3세기에 전차를 이용해 기병과 싸웠다. 켈트족 전사는 말 두 마리가 끄는 전차에서 싸우다가 창을 먼저 던진 다음, 전의를 불태우며 호메로스의 영웅들처럼 검으로 싸웠다. 기원전 55년에 브리튼섬을 침공한 율리우스 카이사르Julius Caesar는 브리튼섬의 전차 전투에 대해 이렇게 기록했다. "먼저 이들은 사방팔방으로 전차를 몰며 무기를 던지고 말이 주는 공포감과 바퀴의 소음으로 적의 대열 전체를 분쇄한다. 기병대 사이까지 오면 이들은 전차에서 뛰어내려 보병으로 싸운다."

로마인들은 북동부 스코틀랜드에서 기원후 83년에 벌어진 몬스 그라우피우스Mons Graupius 전투에서 켈트족 전차와 마주쳤다. 로마 원로원 의원이자 역사가 타키투스Tacitus는 양군 사이의 평원은 "전차와 기병대의 빠른 움직임으로 진동하고 소음으로 울려 퍼졌다"라고 기록했다. 전차는 별다른 효과를 발휘하지 못했다. "그동안 적 기병대는 도망쳤다. 그리고 전차병들은 보병과 한데 섞여 싸웠다."

마케도니아의 팔랑크스

(기원전 338~168)

알렉산드로스 대왕의 무적 보병

18세의 알렉산드로스는 아버지 휘하에서 마케도니아군 좌익을 이끌고 카이로네이아Chaeronea 전투에서 싸웠다. 이 전투에서 마케도니아군은 테베Thebe군의 정예인 신성대Sacred Band를 분쇄했다. 필리포스 2세는 페르시아를 공격하기 직전인 336년에 암살당했다. 334년경, 그의 아들은 실전 경험이 풍부한 군대의 선두에서 페르시아제국을 침공할 준비를 마쳤다.

> **아들아, 너는 네 야망에 걸맞은 큰 제국을 찾아야 한다. 마케도니아는 네게 너무 작구나.**
>
> **- 필리포스 2세가 어린 알렉산드로스에게 했다는 말, 플루타르코스Plutarch(기원후 50~120년경)가 전함.**

• 팔랑크스

마케도니아군의 중핵은 보병으로 구성된 팔랑크스였다. 필리포스와 알렉산드로스의 힘은 상당 부분 팔랑크스의 끈질김과 신뢰성에 기인했다. 페제타이로이pezhetairoi 혹은 '발의 동반자'의 초석을 놓은 사람은 필리포스가 확실하다. 이들이 이렇게 불린 이유는 왕의 친위대인 귀족 위주의 '동반자hetairoi' 기병대에 대응하는 전술적, 정치적 평형추로서 왕과의 관계를 강조하기 위해서였다.

알렉산드로스는 보병 1만 2,000명과 기병 1,500명을 이끌고 원정에 나섰다. 보병 9,000명은 출신지에 기반한 '발의 동반자' 1,500명으로 구성된 지금의 여단급 부대인 병단taxeis으로 조직되었다. 나머지 3,000명은 '방패 병단hypaspists'이라는 엘리트 근위대를 이뤘다. 발의 동반자 병단과 방패 병단은 마케도니아군 전열의 중앙에 배치되었고 기병대는 양 측면에 배치되었다. 전자는 기병대와 제대梯隊를 이루어 기동할 수 있도록 훈련받았다. 발의 동반자 병단은 적의 대열에 충격을 주어 분쇄하는 역할에 사용되었다. 분쇄된 적은 팔랑크스가 밀어붙였다.

· 사리사

마케도니아 중장보병의 주무기는 사리사sarissa였다. 사리사는 유럽 산수유나무로 만든 긴 양손잡이용 창으로 길이는 6.3미터, 무게는 8킬로그램이었다. 이 창은 두 부분으로 나눴다가 철제 끼우개를 이용해 합칠 수 있어서 행군할 때 휴대하기 좋았다.

팔랑크스병들은 사리사를 양손으로 다루며 동료들의 사리사와 흐트러짐 없이 열을 맞췄다. 전술 단위로 팔랑크스에서 가장 작은 전투부대는 256명으로 이루어진 스페이라speira로, 16명씩 오와 열을 지어 밀집대형을 펼쳤다. 팔랑크스대 첫 5열의 병사들은 단단한 밀집 공격대형을 짠 채 자기가 든 사리사를 앞줄의 병사 어깨 너머로 뻗도록 훈련받았다. 제일 앞줄의 병사들은 자신의 사리사를 적을 향해 수평으로 들었는데 창의 길이가 4미터에 달했다. 제일 앞줄 1미터 뒤에 선 두 번째 줄의 병사들은 사리사를 들어 앞줄 너머 3미터 앞까지 뻗었다. 세 번째 줄은 사리사를 더 높은 각도로 들었고 네 번째 줄은 그보다 더 높이 들었다. 다섯 번째 줄의 병사들은 날아오는 적 발사체의 위력을 분산하기 위해 사리사를 하늘을 향해 세우는 동시에 돌격하는 부대의 타격력에 무게를 더했다.

> **한 눈은 밤처럼 검고, 다른 한 눈은 하늘처럼 푸른 강인하고 잘생긴 지휘관.**
>
> **- 아리아누스Arrian(90~165), 알렉산드로스 대왕에 대해**

필리포스의 군사 근대화

마케도니아 보병대는 원래 규율, 훈련과 조직력이 부족했다. 필리포스는 완전군장을 하고 보급품까지 맨 채로 경로를 따라 이동하는 행군을 비롯하여 혹독한 훈련체제를 강제했다. 바퀴 달린 수레는 사용이 금지되었고 원정을 떠날 때 보병은 30일분의 식량을 직접 날라야 했다. 보병과 기병 모두 비전투 종군자camp follower(전근대에 군대를 따라다니던 병사의 현지처, 상인, 인부, 창녀 등의 민간인-옮긴이)가 최소한으로 제한되어 보급대의 크기가 줄어들고 기동성이 극대화되었다. 필리포스는 효율적인 병참 조직을 만들었고 그 덕에 1년 내내 원정할 수 있었다. 그리고 아들 알렉산드로스는 언제나 견실한 병참 지원을 받으며 원정할 수 있었다.

첨탑처럼 뾰족하게 솟은 사리사로 만든 울타리는 적 보병의 사기를 무너뜨리고 전쟁사상 전투 코끼리의 기세를 꺾어버리는 효과를 발휘했다. 팔랑크스병들은 사리사를 다루기 위해 무거운 동체 갑옷을 벗고 가벼운 가죽제 흉갑과 투구, 각반을 착용했다.

• 팔랑크스의 종말

팔랑크스병들은 두 손으로 사리사를 다뤄야 했기 때문에 왼쪽 어깨를 방어하는 작은 청동제 원형 방패만 목에 걸어 휴대할 수 있었다. 기원전 327년에 마케도니아의 방패병단은 은판으로 방패를 장식해 은방패 병단argyaspides이라는 별명으로 불렸다.

다양한 병종을 매끈하게 하나로 통합한 알렉산드로스 같은 군사적 천재의 손에서 팔랑크스는 가공할 위력을 발휘하는 병기였다. 하지만 알렉산드로스보다 기량이 떨어지는 장수가 지휘하는 팔랑크스에는 약점이 있었고, 팔랑크스는 차츰 저열화되어가며 계속 생존했다. 팔랑크스는 응집력을 방해할 지형지물이 없는 평평한 곳에서만 효율적으로 가동했다. 기원전 2세기, 훌륭한 지휘관이 이끄는 규율이 엄정한 로마 군단과 부딪힌 팔랑크스에 균열의 조짐이 보이기 시작했다.

기원전 197년 키노스케팔라이Cynoscephalae 전투에서 로마군단은 팔랑크스를 물리쳤다. 기원전 168년의 피드나Pydna 전투에서는 기병 4,000명과 팔랑크스병 2만 명을 포함한 보병 4만 명의 마케도니아군이

전장의 코끼리

알렉산드로스는 가우가멜라 전투(기원전 331)에서 처음으로 전투 코끼리를 접했다. 인도에서 벌어진 히다스페스 전투(기원전 326)에서 마케도니아군은 알렉산드로스의 기병대를 저지하기 위해 15미터 간격을 두고 전열 앞에 진을 친 코끼리 100마리와 대면했다. 말들은 코끼리 냄새에 익숙하지 않았다. 알렉산드로스가 단단하게 뭉친 방패 대형을 짠 팔랑크스에게 공격 명령을 내리기 전, 마케도니아군 경보병대가 코끼리 몰이꾼을 죽이기 위해 코끼리를 향해 전진했다. 코끼리들은 떼지어 다가오는 창에 위협을 느끼고 도망쳤다.

아이밀리우스 파울루스Aemilius Paulus가 이끄는 4개 로마군단과 대결해 패했다. 마케도니아군의 전열은 3.2킬로미터 넓이로 뻗어 있었고 팔랑크스대가 중앙에, 기병대가 양 측면에 있었다. 로마군 지휘관은 마케도니아 팔랑크스대가 전열을 뚫고 들어왔을 때 경외심이 들었다고 술회했다.

그러나 돌파 과정에서 팔랑크스의 질서가 흐트러졌고 로마 군단병들은 팔랑크스의 벌어진 틈을 이용했다. 무거운 사리사 탓에 행동이 자유롭지 못했던 팔랑크스병들은 근접전에서 로마군을 이겨낼 수 없었다. 마케도니아군 기병대는 전장에서 도망쳤고 남은 팔랑크스병들은 로마 군단병에게 도륙당했다. 이 패배로 인해 마케도니아는 로마의 속주가 되었다.

03 · Helepolis

헬레폴리스

(기원전 305~304)

움직이는 거대한 공성탑

거대한 공성병기의 달인 데메트리오스 폴리오르세테스Demetrius Poliorcetes('포위자', 기원전 337~283)는 알렉산드로스 대왕이 323년 6월에 사망한 다음, 그가 남긴 제국의 지배권을 두고 다툰 장수 중 특히 이채로운 인물이다. 알렉산드로스 휘하에서 싸운 마케도니아 귀족 안티고노스 모노프탈무스Antigonus Monophthalmus('외눈박이')가 그의 아버지였다. 야만적 권력 다툼에 아들과 함께 열정적으로 뛰어들어 마케도니아 제국을 갈가리 찢어놓은 장본인 중 하나가 되었다.

아버지 안티고노스는 알렉산드로스 대왕 아래에서 싸웠다는 이점을 누렸지만, 아버지와 아들의 생애는 결국 패배로 끝났다. 기원전 319년, 그는 알렉산드로스의 장수였던 경쟁자 셀레우코스Seleucus를 물리치기 위해 4,000명 이상의 보병과 7,000명 이상의 기병, 전투 코끼리로 구성된 군대를 이끌고 지금의 튀르키예에 있는 토로스Taurus산맥을 뚫고 462킬로미터를 7일간 강행군했다.

데메트리오스는 기원전 306년에 키프로스Cyprus섬을 점령했으나 곧바로 이어진 아버지의 이집트 침공은 실패로 끝났다. 기원전 305~304

년, 데메트리오스는 로도스Rhodes섬을 포위해 공략했다. 그러나 끈질긴 저항 탓에 그는 로도스인들과 평화조약을 맺었고, 로도스는 그를 위해 배를 건조해주기로 약정했다. 기원전 301년, 아버지와 아들은 입수스Ipsus 전투에서 패했고 81세의 안티고노스는 투창에 맞아 목숨을 잃었다. 무너져가던 알렉산드로스 제국에서 그가 가졌던 몫은 경쟁자들이 나눠 가졌다. 기원전 294년, 데메트리오스는 마케도니아의 지배권을 획득했고 그의 후손들은 피드나 전투(기원전 168)에서 로마군에 패할 때까지 불안하나마 권력을 유지했다.

데메트리오스는 소아시아로 마지막 원정을 떠났으나 기원전 283년에 패배해 셀레우코스의 포로가 되어 사망하면서 원정은 재앙으로 끝났다. 다섯 번 결혼한 데메트리오스는 동성애 대상을 자살하게 만드는 등의 방탕한 행실로 악명이 높았다. 하지만 데메트리오스는 공성전의

살라미스 포위전

알렉산드로스가 사용한 혁신적 기술 중 다수를 데메트리오스 폴리오르세테스가 로도스섬 포위전에서 사용했다. 데메트리오스는 철두철미하게 일하는 사람이었고 공성전은 고대 세계의 전쟁에서 가장 인상적인 전쟁 양식이 되었다. 데메트리오스는 기원전 306년에 벌어진 키프로스에 있는 살라미스Salamis 공성전에서 거대한 공성탑을 세웠다. 약 40미터 높이에 기단의 한 변 길이가 20미터에 이른 첫 헬레폴리스 공성탑은 거대한 통짜 바퀴 4개 위에 얹혀 이동했다. 탑 내부는 발사 무기로 가득 차 있었다. 가장 낮은 층에는 80킬로그램까지 나가는 발사체를 투척할 수 있는 중투석기가 있었고, 가운데 층에는 무거운 화살을 발사하는 쇠뇌가 있었다. 꼭대기에는 경량 투석기와 궁수들이 있었다. 내부에서는 200명이 공성탑을 운용했다.

전문가로서 확고한 명성을 떨쳤다.

• 헬레폴리스(도시 약탈자)

알렉산드로스 대왕의 원정 기간에 공성전 기술과 기법이 극적으로 진보했다. 꼰 머리카락이나 힘줄로 작동하는 비틀림 기계torsion machine가 이제 화살이나 돌을 발사하는 데 사용되었고, 기원전 332년에 페르시아군은 이 기계들을 오늘날 레바논의 항구도시인 티레 포위전에서 사용했다.

티레는 해변에 있는 섬에 있었고, 알렉산드로스는 성벽을 향해 땅굴을 파고 투석기와 공성탑을 가져왔다. 티레 주민들은 벽에 충격 흡수재를 대고 날아오는 발사체를 막기 위해 흉벽에 바큇살이 여러 개 달린 바퀴를 세웠다. 이들은 땅굴 위로 화염선을 가져와 불을 댕겼고 알렉산드로스의 공성탑을 파괴했다.

이때 페르시아 함대의 페니키아인 부대가 알렉산드로스 진영으로 탈주하면서 알렉산드로스는 티레 주변 수역의 통제권을 확보하게 되었다. 두 번째 땅굴 굴착작업이 시작되었다. 알렉산드로스는 배 몇 척을 한데 묶어 파성퇴를 운용할 발판으로 사용했다. 티레의 잠수부들이 배를 묶은 줄을 절단하려 했으나 알렉산드로스는 줄을 쇠사슬로 바꿨다. 결국 파성퇴가 성의 일부를 무너뜨렸고, 알렉산드로스는 무너진 곳과 티레의 양편에 있는 항구로 총공격을 명령했다. 습격은 격렬한 시가전으로 끝났고 자비심은 사치였다. 도시는 불살라졌고 살아남은 티레 주민 2,000명은 알렉산드로스의 분노를 누그러뜨리기 위해 십자가형에 처해졌다.

기원전 305~304년에 데메트리오스는 로도스를 포위하면서 공성탑과 배에 실은 투석기 포대 등 인상적인 공성병기를 다수 전개했다. 후자는 바다에서 섬을 탈취하기 위해 투입되었다. 결의에 찬 저항과 나쁜 날씨 탓에 계획이 틀어지자 데메트리오스는 육지에서 공격하는 것으로 전술을 바꿨다. 재개된 공격의 핵심요소는 아테네의 기술자 에피마쿠스Epimachus가 설계한, 이전보다 더 큰 두 번째 헬레폴리스였다.

· 헬레폴리스 2

무쇠 스파이크를 박아 고정한 무거운 목재로 만들어지고 한 변의 길이만 거의 22미터에 이르는 '도시 탈취자'는 기단 아래에 있는 바퀴 8개를 이용해 이동했다. 헬레폴리스는 축을 중심으로 어느 방향으로든 회전할 수 있었다. 안쪽으로 기울인 모서리 기둥 4개의 높이는 50미터였고 내부는 9개 층으로 구성되었다. 1층의 넓이는 430제곱미터, 꼭대기 층의 면적은 90제곱미터였다. 헬레폴리스의 내부 공간은 수천 명의 장정들이 밖에서 탑을 미는 동안 3,500명이 서 있기에 충분할 정도로 넓었다.

탑의 노출된 3면은 철판으로 덮였으며 각 층의 정면에는 발사체를 발사할 수 있는 구멍이 있었다. 바위는 낮은 층에서, 가벼운 돌과 투창은 위층에서 발사했다. 헬레폴리스 안에 있는 공성병기의 운용을 맡은 병사 200명을 보호하기 위해 구멍에는 기계장치로 개폐 가능한 셔터가 장착되었다. 셔터에는 가죽이 덮였으며 성벽에 설치된 로도스의 투석기가 발사하는 발사체의 충격을 감쇄하도록 양모로 쿠션을 댔다. 층마다 화재진압용 물탱크가 구비되었고 발사체를 위로 실어나르기 위한 계단이 두 개 있었다.

성벽을 향해 우르릉거리는 소리를 내며 전진하는 헬레폴리스 양편에는 ('거북이'라고 불린) 이동식 창고 2개가 있었다. 여기에서 장갑을 두른 파성퇴가 튀어나와 있었다. 길이 55미터의 파성퇴 1개를 1,000명의 인원이 운용했다. '거북이' 8개가 파성퇴 안의 공병을 지원했다. 헬레폴리스와 파성퇴는 방어탑 1개와 성벽 일부를 무너뜨렸다. 그러나 밤중에 출격한 로도스군이 공성탑의 장갑 일부를 파손하고 공격군이 공성탑을 안전한 곳으로 끌고 가기 전에 불을 질렀다. 기략이 풍부한 로도스인들은 도시로 밀고 들어온 데메트리오스가 성벽을 또다시 무너뜨리기 전에 무너진 벽을 간신히 보수했다. 로도스군은 침입한 데메트리오스군을 격전 끝에 성 밖으로 몰아냈다. 포위전은 교착상태에 빠졌고, 다시 보급을 받은 로도스군을 굶주리게 만들려면 한참 시간이 걸릴 터였다. 데메트리오스는 15개월에 걸친 포위전을 끝내고 적과 화의를 맺을 수밖에 없었다.

포위전이 끝나고 헬레폴리스는 로도스에서 멀지 않은 곳에 버려졌으나 얼마 지나지 않아 다음 절반의 생을 누리게 되었다. 재치 있는 로도스인들은 헬레폴리스의 금속 장갑판을 녹여 고대 세계의 7대 불가사의 중 하나를 만드는 데 사용했다. 바로 '로도스의 콜로서스the Colossus of Rhodes'다. 높이 30미터에 이르는 이 거대한 동상은 기원전 280년에 완성되어 로도스 항구를 수호하듯 서 있었다. 현대 고고학자들은 로도스인들이 콜로서스를 세우는 데 필요했던 엄청난 양의 비계를 만든 자재를 위협적으로 서 있던 데메트리오스의 도시 탈취자에서 조달했을 것이라 추정한다. 이 동상은 226년에 발생한 지진으로 무너졌는데, 이때 로도스 전 지역이 큰 피해를 보았다. 전하는 이야기에 따르면 654년에 콜로서스의 남은 조각들을 에데사Edessa에서 온 유대인 상인이 입수해 낙타 900마리에 실어 갔다고 한다. 도시 탈취자의 사생아인 콜로서스는 중세인의 상상 속에서 '유명한 그리스의 놋쇠 거인brazen giant of Greek fame'으로 끈질기게 살아남았으며, 이 이름은 1903년 뉴욕 자유의 여신상 기단에 새겨졌다.

04 · The trireme

삼단노선

(기원전 500~250)

지중해를 누비던 주요 전투함

삼단노선Trireme은 '노 3개가 달린 것'이라는 라틴어에서 파생한 단어다. 기원전 5세기 초엽 삼단노선은 지중해 지역의 표준 함선이 되었다. 양현에 25개의 노가 한 줄로 놓인 펜테콘토르pentekontor와 노가 2단으로 배치된 이단노선bireme이 삼단노선의 기원이다. 이단노선은 페니키아인이 발명한 것이 거의 확실하며 그리스인이 이를 받아들였다.

기원전 6세기 언젠가, 이단노선의 노잡이석에 세 번째 단이 추가되어 삼단노선이 탄생했다. 3단으로 된 좌석에 배치된 노잡이들은 한 명당 하나씩 노를 저었다. 해양 군사 활동에 대한 아테네의 어떤 기록을 보면 노의 길이는 4~4.5미터였던 것 같다. 아테네의 외항 피레우스Pireus의 선소船所를 발굴하던 고고학자들은 삼단노선의 치수를 길이 37미터, 선저폭 3미터, 현측 밖으로 빠져나온 부분(아우트리거outrigger)의 폭을 6미터로 확정했다.

아테네의 기록에 따르면 삼단노선 양현의 최하단 노잡이석에는 노잡이 27명이 각각 앉아 구멍을 통해 노를 저었다고 한다. 최하단 노가 수선에서 어느 정도 높이에 있었는지 알 수 있는 증거를 기원전 414~413년 시라쿠사Syracuse 포위전 때 방어자들이 이용한 전술에서 찾아볼 수 있다. 이때 삼단노선의 노잡이들은 노 밑으로 몰래 접근해 배를 댄 적병들로부터 노잡이석에 앉은 상태에서 공격을 받았다.

선원 한 명이 각각 노, 쿠션과 노를 손에 매는 끈을 받도록 결정되었다.

- 투키디데스Thucydides(기원전 471~399년경)

양현의 중단 노잡이석에는 노잡이 27명이 있었고, 양현에 있는 상단 노잡이석에는 노잡이 31명이 선체가 현측 바깥으로 뻗어 나온 부분을 통해 노를 저었다. 이렇게 저으면 지렛대의 힘이 더 크게 노에 전달된다. 삼단노선의 조타는 선미에 부착된 폭이 넓은 막대기로 했고, 닻 2개, 상륙용 사다리 2개도 선미에 수납되었다. 삼단노선은 사실상 방어시설이 없었고 갑판 양현에는 난간이 없었다. 아마 도선을 쉽게 하기 위해서였을 것이다.

삼단노선은 순항을 위해 돛을 가지고 다녔고, 순풍이 부는 상황에서는 노를 젓는 속도보다 더 빨리 나아갈 수 있었을 것이다. 하지만 돛을 펴면 전투 중에는 지그재그로 항해하기가 사실상 불가능했다. 그러면 취약한 배의 현측이나 선미를 적에게 노출하게 되므로 전투 전에 돛을 내리거나 아예 육지에 남겨두었다. 유리한 조건에서 장거리를 항해할 경우 삼단노선은 시속 4~5노트(7.4~9.2km/h)까지 속도를 낼 수 있었고 단거리 항해 시 최대 12노트(22.2km/h)를 유지할 수 있었다.

> 너희, 그리스의 아들들이여! 너의 조국을 해방하라, 너의 아이들을, 아내들을, 너희 아버지가 모신 신의 신당을, 그리고 너의 조상의 무덤을 해방하라! 너희 모두를 위해 전투하라!
>
> \- 살라미스 해전에서 그리스군의 전투구호

• 살라미스

삼단노선의 승조원은 200명이었고 그중 170명은 노잡이였다. 노잡

아르테미시아 1세 Artemisia I

현할리카르나소스Halicarnassus의 아르테미시아 여왕은 살라미스 해전에서 세계 최초의 함대 지휘관으로 싸웠다. 여왕의 작은 함대는 크세르크세스Xerxes왕이 지휘하는 페르시아 함대와 함께 출항했다. 전투가 한창일 때 아르테미시아는 함대 지휘관인 크세르크세스의 형제의 시신을 그리스인들로부터 되찾았고 그리스군 삼단노선의 공격을 받았다. 공격을 회피하던 여왕의 배가 아군 군함에 가로막혔다. 여왕은 이 배를 들이받아 가라앉히고 무사히 탈출했다. 이 대담한 기동을 지켜보던 크세르크세스 왕은 이렇게 말했다고 한다. "진정 내가 거느린 남자들은 여자가 되고 있고, 여자는 남자가 되고 있구나!"

이는 하류층에서 모집했으나 노예는 아니었다. 기원전 480년 살라미스 해전의 삼단노선에는 중무장한 전투원과 궁수 몇 명이 탑승했다. 피리 주자 한 명도 탑승해 노잡이들에게 피리를 불어 시간을 알려주었다. 살라미스 해전에서는 600척의 페르시아 침공 함대가 약 320척의 그리스 함대에 패했다. 그리스 함대는 패배를 가장해 후퇴하다가 살라미스해협의 좁은 수역에서 반전해 페르시아군을 공격했다. 그리스군은 기동할 공간이 전혀 없는 페르시아군을 충각으로 마음껏 들이받으며 공격했다. 좁은 수역에서 빠져나오느라 애쓰던 페르시아군의 측면을 에기나Aegina에서 온 삼단노선이 공격했다. 그리스군은 물에 빠져 허우적대는 페르시아 선원들에게 자비를 베풀지 않았다.

살라미스에서 결정적 패배를 겪은 페르시아 왕 크세르크세스는 그리스를 상대로 빠르게 승리를 거둘 기회가 없음을 깨달았다. 그는 휘하 장수에게 군대의 지휘권을 넘기고 페르시아로 돌아갔다.

• 아테네의 함대

살라미스와 미칼레Mycale(기원전 479)에서 페르시아를 상대로 승리를 거둔 아테네는 이오니아 지역의 국가들로 구성된 델로스 연맹에서 지배적 영향력을 행사해 사실상 아테네 제국을 건설했다. 아테네가 가진 국력의 기반은 해군이었고 에게해의 제해권을 쥔 아테네 해군은 동맹국들의 충성을 확보함과 동시에, 교역로와 흑해를 통해 수입되어 나날이 증가하는 아테네의 인구를 먹여 살리던 곡물 수송의 안전을 지켰다.

해군은 아테네의 하위계층에게 일자리를 주었고 이것은 아테네의 민주주의를 유지하고 진흥하는 결과를 낳았다. 다음에 일어난 펠로폰네소스 전쟁(기원전 431~404)의 해전도 삼단노선들이 치렀고, 이들은 경쟁 관계에 있던 아테네와 스파르타가 세력균형을 이루는 데 핵심적 역할을 했다. 펠로폰네소스 전쟁 중에 아테네는 300척의 함대를 유지하기 위해 매년 삼단노선 20척을 건조했다.

후대의 함선들은 승조원을 더 많이 실었다. 카르타고Carthage와 로마공화국Republic of Rome 사이에 벌어진 제1차 포에니 전쟁 기간인 기원전 256년에 시칠리아 연안에서 벌어진 에크노무스Ecnomus 해전에서 로마군의 오단노선Quinquereme에는 승조원 300명이 탑승했고 오단노선 1척

삼단노선의 전술

충각ramming 전술은 삼단노선이 사용한 기본 전술이다. 충각은 삼단노선의 강화된 선수 밑에 튀어나온 금속판을 덮은 '부리'다. 삼단노선의 지휘관인 트리에르아크trierarch는 자신의 기량을 총동원해 정면충돌하려는 듯 돌진하다가 오른쪽 혹은 왼쪽으로 방향을 틀어 적에게 가장 가까운 쪽에 있는 노를 뻗어 적선의 옆을 긁으며 노를 부순다. 적의 갤리선은 뱅뱅 돌며 사용 불능 상태가 되고, 승자는 불구가 된 적선을 뒤에서 충각으로 들이받는다. 손상된 삼단노선의 승조원들이 배와 함께 바다로 가라앉을 운명을 피할 유일한 방법은 적이 충각을 빼내기 전에 적선으로 옮겨 타는 것이다.

마다 전투원 120명이 탑승했다. 오단노선에서 어떻게 노를 저었는지는 불분명하다. 3단 이상의 노잡이석을 설치한 배는 없었으며 노 일부에 배정된 노잡이의 수를 두 배로 늘려 많은 수의 인원을 수용했던 것으로 보인다.

로마 공화국의 표준 함선은 오단노선이었지만 로마 제국의 함대는 삼단노선으로 회귀했다. 결코 뛰어난 뱃사람이 아니었던 로마인들은 끝에 큰 스파이크가 달린 거대한 건널판(코부스Covus)의 도움을 받아 해전을 대규모 도선전투渡船戰鬪로 바꾸려 했다. 코부스는 배와 적선을 단단히 붙들어둘 수 있었으나 자칫하면 사용자의 배가 뒤집히는 역효과를 불러일으킬 수 있었다.

05 · The Roman Legion

로마군단

(기원전 500년~기원후 162)

대적할 자 없던 무적의 군단

로마 제국의 씨앗은 제2차 포에니 전쟁(기원전 218-201) 때 뿌려졌다. 그전에는 로마의 영향력이 알프스산맥을 넘지 못했다. 그러나 100년도 지나지 않아 로마의 영향력은 스페인, 아프리카와 동방 헬레니즘 세계까지 이르렀다.

기원전 500년부터 로마인들은 이웃 에트루리아인Etruscans들이 선호한 팔랑크스 대형을 받아들였다. 그러나 팔랑크스는 언덕이 많은 중부 이탈리아 지형에 적합하지 않았고, 기원전 4세기에 이르러 로마인들은 더 유연한 마니풀루스Manipulus(로마군단의 최소단위 부대로 60~120명 규모－옮긴이) 위주의 대형에 의존하게 되었다. 로마 중기 공화국(기원전 2세기) 군대의 군단은 병사 5,000명으로 구성되었으며 기병 300명이 이를 보강했다. 해마다 집정관(공화국 최고지위의 선출직 장관) 2명이 2개 군단을 소집했다.

군단은 30개의 마니풀루스로 나뉘었는데 모두 중장보병인 하스타티hastati, 프린키페스principes, 트리아리이triarii(젊은 신참병, 장년의 경험 있는 고참, 전투 경험이 많은 최고참—옮긴이)로 구성된 대대가 각 10개씩 있었다. 마니풀루스마다 경무장 척후병(벨리테스velites) 40명이 배속되었다. 하스타티와 프린키페스로 구성된 마니풀루스는 짧은 찌르기용 칼(글라디우스gladius), 장방형 방패(스쿠툼scutum), 무거운 투창(필라pila) 2개로 무장한 120명의 병사로 구성되었다. 트리아리이 역시 비슷하게 무장했으나 찌르기용 창(하스타hasta)을 휴대했다. 기병대는 10개의 투르마turma(로마의 기병부대 단위, 복수는 투르마에Turmae—옮긴이)로 구성되었으며 창과 원형 방패로 무장했다. 이때 군단병들은 로마 시민이자 재산 소유자여야 했다.

마니풀루스는 로마군단의 기본 구성요소였고 그 후 700년간 이 군단은 로마인이 아는 범위 내의 전 세계를 지배했다. 군단은 알렉산드로스 대왕 시대 이래 군사 분야에서 가장 중요한 발전이었고 제국 확장의 도구가 되었으며 형태가 많이 달라지기는 했어도 기원후 5세기까지 살아남아 중세와 그 뒤의 시대까지 군사 조직에 영향을 미쳤다.

• 마리우스의 개혁

마니풀루스로 구성된 군단은 경쟁 관계에 있던 지중해 세력인 카르타고와 치른 두 번의 전쟁(기원전 264~241, 218~201)에서 실전을 치르면서 붕괴 일보 직전까지 갔다. 줄어드는 인구를 비롯해 가중된 압박으로 인해 군단은 6년간 복무하는 아마추어 민병대에서 직업인으로서 장기 복무하는 자원병으로 구성된 군대로 탈바꿈했다. 오랜 구상을 거쳐 실행된 이 과정은 기원전 107년에 집정관으로 선출된 가이우스 마리우스Gaius Marius(기원전 157~86)가 도입한 개혁의 결과로 여겨진다. 하지만 마리우스가 이미 진행 중이던 과정에 명목상 승인만 했을 가능성도 있다.

결정적으로 카피테 켄시capite censi, 즉 재산이 없어서 군 복무를 면제받은 계층을 유인하기 위해 군단 복무자 자격으로 규정된 재산 보유 조건의 기준이 낮아졌다. 그 결과, 새로운 사람들이 군대로 모여들었다. 마리우스의 두 번째 주요 개혁은 하급 부대로서의 마니풀루스를 코호르스cohors로 대체한 것이었다. 이제 군단은 30개의 마니풀루스가 아니라 10개의 코호르스로 구성되었다. 새로운 코호르스는 각각 하스타티, 프린키페스, 트리아리이로 이루어진 마니풀루스 3개와 벨리테스로 구성되었고 총원은 400명이었다. 그 결과 부대는 독립적 전투가 가능해졌다. 코호르스마다 6명씩 있는 켄투리온centurion(백인대장百人隊將, 지금의 고참 부사관)은 각각 60~70명을 지휘했으며 하스타투스hastatus와 프린켑스princeps에서처럼 개혁 이전의 마니풀루스 편제에서 썼던 용어를 유지했다. 최선임 백인대장인 프리무스 필루스Primus Pilus(첫 번째 창이라는 뜻—옮긴이)는 군단이 전투에 나서면 가장 경험 많은 병사로 구성된 제1대대 제1백인대百人隊, centuria를 지휘했다.

> " ——— **권위를 행사하게 될 때면 그의 성미가 사나워졌다.**
>
> - 플루타르코스, 『마리우스의 생애』(기원전 125년경)

완전군장하고 달리기, 경로 행군, 자신의 보급품을 지고 하는 행군을 비롯한 로마군의 훈련과정도 마리우스의 작품으로 여겨진다. 로마군의 가혹한 규율은 새롭게 시작되었다기보다 전 세대의 기준으로 회귀한 것이 십중팔구 분명하다.

> " ——— **원정에 나갈 때면 그[마리우스]는 행군하는 동안 병사들에게 온갖 종류의 달리기를 연습시키고 긴 행군을 시켰으며 각자 자기 보급품을 나르도록 하고 스스로 음식을 준비하게 해서 군대를 완벽하게 만들고자 노력했다."**
>
> - 플루타르코스, 『마리우스의 생애』(기원전 125년경)

대大플리니우스Pliny the Elder(기원후 1세기 후반기의 작가)에 따르면, 마리우스는 독수리(아퀼라aquila) 표장을 각 군단의 주 군기로 삼아 늑대, 곰, 미노타우로스Minotaurus, 말과 같은 옛 상징을 대체했다고 한다. 독수리 군기를 가지고 다니는 기수인 아퀼리페르aquilifer는 백인대장만큼 지위가 높았다. 아퀼리페르는 군단 봉급이 나가는 금고의 책임자이기도 했다.

아우구스투스Augustus 황제(기원전 31~기원후 14)는 양부 율리우스 카이사르로부터 기강이 똑바로 잡히고 훌륭한 인재와 지도력을 갖춘 군단을 물려받았다. 가장 시급한 당면 과제는 카이사르의 업적을 지키는 것이었으나 아우구스투스는 평시 체제로 이를 완수해야 했다. 아우구스투스 치세에 군단병 6,000명과 보조병으로 구성된 28개 군단으로 이루어진 상비군이 창설되었다. 보조병은 로마에 패하거나 위엄에 질린 적군이 강제로 보냈거나 우호적인 군주가 자원해 보내지 않았다면 용병으로 고용된 병사였을 것이다. 이들은 기병으로 중장보병인 군단병을 지원하는 경우가 많았고 경보병, 궁수, 돌팔매꾼이 되기도 했다. 이 추가 인력은 유용하게 활용되었으나 로마군은 현존 부대에 보조병을 지나치게 많이 추가하지 않으려 했다.

마리우스의 노새

마리우스의 개혁이 있고 나서 몇 년이 지나자 무거운 짐을 지고 어기적거리며 걷는 군단병들은 '마리우스의 노새'라는 별명을 얻었다. 군단병들은 글라디우스 단검, 스쿠툼 방패, 필라 투창(무거운 투창과 가벼운 투창 1개씩)과 사슬 갑옷을 표준 장비로 지급받았다. 투구를 포함한 갑옷 전체의 무게는 약 30킬로그램이었는데 이것은 현대 군인들이 질 수 있는 무게의 최대치다. 여기에 더해 군단병들은 굴착 장비, 조리도구, 비상식량과 개인물품을 날라야 했다. 이들은 이 모든 것을 가지가 달린 막대기에 묶어서 가지고 다녔다.

· 로마의 국경

로마제국의 국경은 정복이 멈추자 확고부동해졌다. 기원후 100년경에는 6개 군단이 동부 국경에 주둔했으며 2개 군단이 나일강 삼각주에 군단 기지를 두었다. 북아프리카의 나머지 지역은 단 하나의 군단이 통제했으며 또 다른 1개 군단은 스페인에 기지를 두었다. 군단 대부분은 라인강과 다뉴브강을 따라 설치된 숙영지에 배치되었다. 제국의 가장 북쪽에 있는 브리튼섬에는 4개 군단이 있었다.

브리튼섬의 국경은 처음에는 120킬로미터 길이의 방벽으로 표시되었다. 바로 하드리아누스 방벽Hadrian Wall이다. 넓은 둑턱과 너비 8미터, 깊이 3미터의 해자를 가진 방벽의 높이는 정면에서 봤을 때 5미터였다. 1,500미터 간격으로 설치된 80개의 사각형 소형 요새와 150개의 방어탑이 방벽을 방어했고 방어탑은 요새 사이마다 2개씩 설치되었다. 더 큰 규모의 요새는 방벽 양편으로 11킬로미터 간격을 두고 설치되었다.

142년에 안토니누스 피우스Antoninus Pius 황제(재위 기간 138~161)의 명령으로 퍼스 오브 포스Firth of Forth와 클라이드Clyde 사이에 소위 안토니누스 방벽Antonine Wall이 건설되기 시작했다. 완공까지 12년이 걸린 안토니누스 방벽의 길이는 64킬로미터였고 전면에는 깊은 해자(발룸vallum)가 있었다. 162년에 군단이 하드리아누스 방벽으로 철수하자 로마는 이 방벽을 포기했으나 셉티미우스 세베루스Spetimius Severus 황제(재위 기간 193~211)가 부분적으로 복구했다.

하드리아누스 방벽이 건설되기 전에 잉글랜드 북부에 설치된 빈돌란다Vindolanda라는 로마 요새의 은닉처에서 글이 쓰인 나무판 무더기가 1973년에 발굴되었다. 이것은 로마제국의 외곽선을 순찰하던 로마 군단병의 삶을 들여다볼 수 있는 대단히 흥미로운 유물이다. 발굴된 서책에는 군기와 보급품에 대한 일상적 기록과 빈돌란다 수비대와 가족이 교환한 개인 메시지가 기록되어 있다. 기원후 100년경의 한 생일파티 초대장은 특히 감동적이다. 한 나무판은 군단병들이 팬티(수블리가리아subligaria)를 입었음을 확실히 입증해준다.

야전에서의 로마군단

(기원전 약 203~기원후 113)

완고하고 결연하게 규율을 지키다

로마 편에 선 유대 역사가 요세푸스Josephus는 66~70년의 유대 반란Jewish revolt 동안 행군 중인 로마군단에 대해 상세한 기록을 남겼다. 외국인인 요세푸스는 로마인에게는 설명할 필요조차 없을 정도로 친숙한 다수의 세부 사항을 특별히 기록으로 남겼다. 그가 기원전 75년경에 낸 『유대 전쟁The Jewish Wars』이라는 제목의 책을 통해 우리는 로마군의 기법에 자리 잡은 극단적 보수주의를 들여다볼 수 있다.

군대의 선두에서 앞서 나온 정찰부대인 경보병과 기병대는 매복 징후를 찾기 위해 바짝 신경을 곤두세우고 있었다. 본대의 선봉은 군단에서 온 1개 부대, 기병대에서 온 1개 부대로 구성되었다. 군단은 매일 어느 부대가 선봉에 설지 제비뽑기를 했다. 그다음 각 백인대에서 10명씩 차출된 인원으로 구성된 숙영지 측량대가 왔다(즉 1개 백인대의 천막 10개에서 1명씩 온 셈이다). 이들은 각자의 장구에 더해 숙영지 구획을 획정할 도구를 휴대했다.

측량대 뒤에는 공병대가 따라왔다. 이들의 임무는 군단의 행군로에 있는 장애물을 치우거나 다리를 놓는 것이었다. 그다음에는 강력한 기병대의 호위를 받는 군단장과 참모진의 짐을 실은 대열이 따라왔다. 그 뒤에는 보조기병대와 보병대에서 뽑은 경호대를 거느린 군단장이었다. 행군의 다음 순서는 군단 소속 기병대 120명이었고 이들 뒤를 분해한 공성기, 공성탑, 파성퇴, 투석기를 운반하는 노새 대열이 따랐다.

군단의 고위 장교들이 다음이었다. 레가투스legatus(현대의 장성급 장교–옮긴이), 트리부누스tribunus(현대의 대대장급 장교–옮긴이)와 보조병 부대를 지휘하는 장교들이 정예병들의 호위를 받으며 행군했다. 다음은 군단 본대였다. 군단은 나팔수와 기수들의 뒤를 따라 행군했다. 다키아Dacians 전쟁을 기념해 113년에 완성된 트라야누스의 원기둥Trajan's column에 따르면 나팔과 뿔피리 주자들이 군단 기수들 앞에서 전진했다. 군단 기수와 나팔수 뒤에는 군단병이 왔다. 군단병은 로마 도로에서는 6열 종대로, 적지에서는 4열로 행군했고 백인대장의 통솔에 따라 대열을 유지했다. 각 군단의 뒤를 보급 마차 대열이 따랐다. 군단 뒤에는 자신들의 기수를 앞세운 보조병 부대가 왔다.

행군 대열의 마지막 부대는 경·중보병과 보조기병대로 구성된 후위대였다. 군단과 얼마 거리를 두지 않고 비전투 종군자들이 따라왔다. 군단병의 내연처, 창녀, 포로를 사들이려는 노예상, 기타 잡다한 장사꾼들이었다. 집정관이 지휘하는 2개 군단, 그리고 여기에 더해 동맹국 부대와 기병대가 이룬 대열은 그 길이가 20킬로미터에 이르렀다. 적지나

로마군의 표준 도하 방법은 강바닥에 12미터 간격으로 나무 말뚝을 한 쌍씩 박아 넣는 것이었다. 말뚝은 가로보로 연결되어 상판을 지탱하는 버팀다리 역할을 했다. 기원전 55년, 율리우스 카이사르는 지금의 코블렌츠Coblenz에서 라인강을 가로지르는 다리를 건설했다. 이곳에서 라인강의 너비는 약 500미터, 깊이는 8미터였다. 트라야누스 황제는 기원전 105년에 다뉴브강에 더 야심찬 다리를 건설했다. 길이 1,135미터인 이 다리는 목재 상판을 지지하는 높이 50미터, 너비 20미터의 석재 교각 20개로 구성되었다. 건설된 후 천 년 동안 이 다리는 세계에서 가장 긴 다리였다.

탁 트인 평원에서 행군할 때는 3열 종대의 전투대형으로 바꾸었고 이때 길이는 7킬로미터였다. 로마군은 하루에 30킬로미터를 행군할 수 있었고 강행군할 때는 50킬로미터를 달성하는 경우도 흔했다.

· 행군 숙영지

행군이 끝날 무렵, 트리부누스 한 명과 측량부대가 선발대로 파견되어 숙영지를 설치할 곳을 골랐다. 적과 이미 접촉했을 때는 수원지와 가깝고 적대세력으로부터 4킬로미터 떨어진 장소를 고르는 것이 중요했다. 이상적인 후보지는 솟아오른 탁 트인 평원에 있고 적이 숨을 만한 데가 없는 곳이었다. 2개 군단이 이용하는 숙영지의 면적은 약 700제곱미터였고 측량부대가 세심하게 구획했다. 따라서 나중에 도착하는 부대는 어디에 보급 수레를 두고 방어진지 구축작업을 할지

군단병의 삶

트라야누스 원기둥에는 맨머리로 오른쪽 어깨에 투구를, 왼쪽 어깨에 방패(실제로는 가죽으로 덮였을 것이다.)를 맨 군단병이 행군하는 모습이 새겨져 있다. 군단병은 꼭대기에 가로대가 달린 막대기를 왼쪽 어깨에 매고 있다. 막대기에는 장구와 톱, 바구니, 곡괭이, 사슬, 식기, 냄비, 양동이, 옷 같은 개인물품을 담은 가죽 주머니와 식량 부대가 묶여 있다. 휴대 식량은 3~15일 치였고 원정 중 군단병의 기본 식사는 베이컨과 치즈를 곁들인 밀 비스킷과 신 포도주였다. 모두 장기보관이 가능한 식료품이다. 숙영지의 식사는 이보다 나았을 것이다. 고고학자들은 로마군단 숙영지의 쓰레기장 유적에서 소고기, 양고기, 돼지고기와 또 다른 종류의 고기 및 조개, 과일, 야채의 흔적을 찾아냈다. 군단병의 식사에 필수적이었던 소금도 상당량 발견되었다.

알 수 있었다.

행군 숙영지 주변에는 대개 깊은 해자를 팠고, 파낸 흙은 보루를 쌓는 데 사용했다. 적과 가까운 곳에 숙영지를 구축할 때에는 기병대, 경보병대, 중보병대 절반은 적을 바라보는 방향으로 해자 앞쪽에 배치했다. 보루 뒤에 배치된 보급대의 안전이 확보되면 나머지는 해자를 판 다음 행군하던 군단병들이 날라온 끝이 뾰족한 말뚝으로 보루를 강화했다.

완공된 행군 숙영지 가운데를 비아 프린키팔리스via principalis라고 불린 대로가 관통했으며 이 도로는 집정관의 막사 앞까지 이어졌다. 영구적으로 지은 요새처럼 숙영지 구역은 격자로 나뉜 구조였고 군단의 각 부대는 자기 구역을 배당받았다. 군단병들은 가죽으로 된 천막에서 묵었다. 천막 하나당 8명이 지냈다.

보루 위, 보급품 집적소, 참모장교의 천막에는 보초가 배치되었다. 해가 지면 보병대와 기병대에서 선발된 인원이 그날 밤의 암구호가 적힌 목판(테세라tessera)을 받았다. 암구호는 부대에서 부대로 전달되었고 시간에 따라 당직을 호출할 때는 뿔피리를 불었다. 각 초소에서 밤새 무작위 검열을 시행했으므로 보초들은 언제 검열 방문이 있을지 알 수 없었다. 검열관은 증인이 될 동료 두 명과 함께 검열을 시행했다. 검열을 받은 보초는 테세라를 제출했다. 잠든 보초를 발견한 검열관은 보초를 깨우지 않고 테세라를 그대로 두고 떠났다. 이 보초는 일어났을 때 소스라치게 놀랄 것이다.

동이 트면 순찰을 돌던 검열관 일행은 트리부누스에게 수거한 테세라를 제출했다. 빠진 테세라가 있으면 해당 당직은 색출되어 일렬로 선 동료들 사이를 통과하며 몽둥이질을 당하거나 돌팔매질을 받는 벌을 받았다(이 형벌은 푸스투아리움Fustuarium으로 불렸다. 영어 숙어로 '호된 벌을 받다'를 뜻하는 run the gaultlets가 여기서 나왔다—옮긴이). 벌을 받은 후 죽지 않고 살아남은 당직자는 숙영지에서 추방당했다. 제대로 순찰하지 않은 검열관도 똑같은 벌을 받았다. 두말할 필요 없이 야간감시는 철저하게 준수되었다.

동이 트고 질 무렵은 장교들에게 바쁜 시간이었다. 트리부누스 6명은 두 명씩 짝을 지어 당직 근무를 섰다. 새벽에 트리부누스 한 명이 보초들로부터 당직 보고를 받으면 다른 한 명은 군단장이 소집한 회의에 참석해 당일의 명령을 받았다. 그런 다음 자신의 막사로 돌아와 백인대장들과 그 부하들에게 지시를 전달했다. 그때쯤 기병 순찰대가 파견되어 적의 진지를 정찰했다. 이들의 보고는 지휘관, 장교, 지휘관의 초빙으로 군단을 따라온 원로원 의원들과 선임 백인대장들이 참석한 작전회의에서 검토되었다. 지휘관이 전투하기로 결정하면 그의 막사에 붉은 기를 게양해 군단병들에게 경보를 발했다. 군단병들은 배정받은 일과 수행을 중단하고 숙영지의 보루 밑에 집합했다.

로마군의 공성전 기법

(기원전 262~기원후 75)

도시를 봉쇄해 구원군을 차단하다

공성전은 로마군의 체계성과 기술의 철두철미한 응용을 보여주는 전투 양식이다. 고대 세계의 전투에서 일어나는 소요에 대해 로마군은 극한에 이른 군사 토목 기술을 이용해 대응했다.

기원전 3세기 전 로마군의 공성전에 대해서는 알려진 바가 거의 없다. 우리가 세부 내용을 정확히 아는 가장 이른 시기의 공성전은 제1차 포에니 전쟁 시기인 기원전 262년에 벌어진 카르타고령 시칠리아의 아그리겐툼Agrigentum(아그리젠토Agrigento) 포위다. 로마군은 아그리겐툼 주위로 두 개의 숙영지를 잇는 두 개의 벽을 건설했는데 이것은 이중벽bicircumvallation으로 알려진 시스템이다. 두 벽 중 내벽은 포위된 도시를 봉쇄하고, 외벽은 적 구원군을 차단하는 데 사용되었다. 두 성벽 사이에는 너비 수백 미터에 이르는 넓은 가도가 있어 이중성벽 어디로라도 병력을 재빨리 이동시킬 수 있었다.

요새와 전방초소는 외벽과 내벽을 따라 일정 간격을 두고 설치되었다. 적 구원군의 개입을 막는 것만큼 포위된 도시의 굶주림을 가속화하는 것도 중요했다. 카르타고 구원군이 도착했고, 전투를 시도한 아그리겐툼 방어군이 패하자 이중포위가 벌어졌다. 그 뒤로 로마군은 포위전에서 관행적으로 이중성벽을 구축했다. 이를 포괄적으로 묘사한 기록으로 유일하게 현존하는 것은 율리우스 카이사르가 기원전 52년에 중부 갈리아의 알레시아Alesia에서 벌인 포위전에 관한 기술이다. 카이사르는 『갈리아 전기』에서 알레시아 포위전을 설명하는 데 상당한 페이지를 할애했다.

• 알레시아 포위전

알레시아(현재 알리제-생트-렌Alise-Sainte-Reine, 디종Dijon 북서쪽)는 두 강 사이의 평원 서쪽 끝자락에 자리잡은 곳이다. 양편에 있는 언덕과 알레시아 사이에 강이 흘렀고 로마를 상대로 반란을 주도한 아르베르니Arverni족 수장 베르킨게토릭스Vercingetorix의 거주지였다. 카이사르는 알레시아를 빙 둘러친 내벽과 외벽을 건설했는데 이 벽을 건설할 때는 마을 주변 경사지 앞에 세운 요새 23개가 방어를 맡았다. 내벽 앞에는 물을 채운 해자가 있었다. 내벽과 외벽 위에는 보루가 축조되었고 25미터 간격으로 방어탑과 목책을 세웠다.

많은 병사를 자유롭게 풀어 재목을 찾아 가져오게 하기 위해 카이사르는 내벽 앞에 빽빽한 덤불로 일종의 부비트랩을 깔았다. 이것은 현대의 지뢰에 해당한다. 깊이 1.5미터인 해자는 뾰족하게 깎은 나뭇가지로 가득 채워졌고 그 앞에는 8열로 둥근 구멍을 파고 끝이 뾰족한 말뚝을 심었다. 이것은 '백합'이라는 별명으로 불렸다.

'백합' 앞에는 부비트랩이 한 줄 더 있었다. 아무렇게나 바닥에 묻혀 있는 쇠갈고리가 달린 30센티미터 길이의 재목이다. 이것은 '작대기'라고 알려졌다. 이 과정을 마무리하면 외벽에서 똑같은 과정을 반복했다.

갈리아인은 로마의 이중벽을 안쪽과 바깥쪽에서 동시에 공격했으나 수적 우세에도 손발이 맞지 않았다. 결국 베르킨게토릭스는 항복해 포로가 되어 로마로 끌려가 투옥되었다. 기원전 46년, 그는 카이사르의 개선식에 끌려나와 행진한 후 처형되었다.

• 마사다

헤롯 대왕Herod the Great(재위 기원전 37~4)이 세운 궁전 복합시설인 마사다는 로마에 대한 반란(기원후 66~70) 끝 무렵에 유대인의 마지막 저항거점이 되었다. 건조한 사해 해안에 있는 높이 396미터의 바위 기둥에 도사리고 앉은 마사다는 반란 초기에 1,000명의 유대 열심당원Sicarii에 의해 점거당했다.

마사다를 재탈환하는 임무는 로마 제10군단 프레텐시스Fretensis를 지휘하던 플라비우스 실바Flavius Silva에게 맡겨졌다. 실바는 마사다가 있는 바위가 튀어나온 부분을 두꺼운 벽으로 둘러싸고 이 벽을 30미터 간격으로 설치한 탑으로 강화했다. 실바의 부대는 마사다 아래에 있는 8개의 숙영지에 흩어져 있었는데, 마사다에는 큰 수조가 여러 개 있었고 저장된 식량도 충분했으므로 유대 저항군을 굶주림으로 항복하게 만들 수는 없었다.

식량과 식수를 다른 곳에서 조달해야 했던 실바는 이미 압박을 받고 있었다. 그는 마사다 서측면에 거대한 경사로를 만들기로 했다. 경사로 꼭대기에는 공성탑이 설치될 예정이었다. 유대 역사가 요세푸스는 자신의 책 『유대 전쟁』에 자세한 내용을 기록했다. 경사로는 흙과 돌무더기로 만들어졌으며 나무로 된 뼈대로 단단히 보강되었다. 꼭대기에는 30미터높이로 만든 철제 장갑을 덮은 공성탑이 아래를 내려다보며 파성추로 성벽을 부수고 마사다로 밀고 들어갈 준비를 하고 있었다. 요세푸스에 따르면 이 경사로의 높이는 114미터였다고 하나 현대 고고학자들은 실바가 자연적 돌출부를 이용했기 때문에 경사로 자체의 높이는 겨우 9.1미터에 불과했을 것이라고 본다.

공성탑에 장치된 카타풀타로 흉벽의 적을 소탕하고 파성퇴로 성벽을 무너뜨렸다. 성에 진입한 로마군은 유대인이 성벽 안에 세웠던 목재로 강화된 거대한 토루와 마주쳤다. 로마군은 횃불을 가져와 목재에 불을 질렀다. 로마군이 최후의 공격을 준비하는 동안, 유대 반란군 지도자 엘레아자르Eleazar는 동료들에게 집단 자살을 하자고 촉구했다. 다음 날 로마군이 마주친 생존자는 여자와 어린이 몇 명뿐이었다. 최근 고고학 발굴 조사를 실시했으나 집단 자살의 흔적을 찾는 데는 실패했다.

포위전의 기술

토목 기술과 끈질긴 의지를 갖춘 로마군이 포위전에서 실패하는 경우는 드물었다. 로마군의 무기고에서 파성퇴는 없어서는 안 될 무기였다. 파성퇴는 끝부분에 쇠를 입힌 긴 통나무로 '거북이(테스투도testudo)'라고 알려진 이동식 수납고에서 아래로 내린 밧줄에 매달려 있었다. 테스투도 운용 인원들은 가죽 매트리스나 여러 겹 바른 진흙으로 보호되었다. 로마군은 쇠나 버드나무, 가죽으로 덮인 공성탑을 궁수나 투척병기의 발판으로 사용했는데 가끔은 맨 아래층에서 공성퇴를 같이 운용하기도 했다. 모든 로마 군단은 화살을 쏘는 카타풀타catapulta와 돌을 발사하는 발리스타ballista 같은 투척병기를 운용하는 부대를 갖췄다. 가장 흔한 캐터펄트의 높이는 약 1.5미터였고, 길이 약 60센티미터의 화살을 쏘았다. 투석기의 높이는 4.5미터에 이르렀으며 45킬로그램짜리 발사체를 던질 수 있었다.

(Chapter 2)

중세 전쟁

중기병과 사슬 갑옷

(378~1494)

가볍고 유연하면서도 튼튼한 갑옷

초기와 후기 중세 전쟁의 특징이 되다시피 한 등장인물은 무거운 갑옷을 입고 기병창lance과 검으로 싸우는 기병인 기사knight다. 대략 1100년부터 기사의 갑옷이 점차 무거워지고 비싸졌으며 15세기 말에는 기사의 머리부터 발끝까지 강철판으로 덮었다. 하지만 오히려 전장에서 기사의 중요성은 점점 낮아졌다.

중기병이 전쟁을 지배했다고 여겨지는 기간은 378년의 아드리아노플Adrianople 전투부터 1,100년 뒤인 1494년 프랑스의 이탈리아 침공까지라고 할 수 있다. 아드리아노플 전투는 기병이 보병을 상대로 거둔 승리이자 전쟁에 혁명적 변화를 불러온 전투로 인용되곤 한다. 진실은 더 복잡하다. 378년 8월 9일에 벌어진 이 전투는 '로마군 최악의 날'이었다. 동로마제국 황제 발렌스Valens가 고트족의 세력 확장을 저지하는 데 실패한 결과가 바로 이 전투였다. 고트족은 원래 스칸디나비아에서 온 동게르만계 부족으로 3세기에 로마의 다뉴브강 하류

쪽 국경에 나타났다. 이 전투에서 로마군 기병 일부가 고트군의 짐마차 윤형진(부족 전체가 이동하고 있던 고트족은 짐마차로 윤형진을 만들어 그 안에 비전투원을 있게 하고 전투원은 그 밖에서 싸웠다—옮긴이)을 일찍 공격하다가 격퇴당했다. 말먹이를 찾아 떠나 있던 고트군 기병대가 노출된 로마군 보병대를 덮치고 나머지 기병대를 흩어버렸으며 짐마차를 공격하던 보병대를 꼼짝 못 하게 막았다. 전투는 잔혹한 난전으로 변했고 로마군은 무질서하게 도망쳤다. 발렌스 황제와 그의 군대 3분의 2가 전사했다.

• 투르의 방진

중기병이 발흥하는 데 있어 또 다른 전환점은 400년 뒤에 프랑크족 지도자 카롤루스 마르텔Charles Martel이 우마이야Umayyad 왕조의 이슬람 군대를 투르 전투(732)에서 격파한 8세기에 생겨났다. 마르텔은 고지에 있던 자신의 보병부대로 방진을 짰다. 워털루Waterloo(1815)에서 웰링턴의 전술을 예고하는 부대 배치였다. 우마이야 중기병대의 거듭된 공격에도 불구하고 마르텔의 방진은 고슴도치의 가시처럼 솟은 창으로 공격을 이겨냈다. 보병의 벽에 부닥친 우마이야 기병은 워털루에서의 나폴레옹군 기병대처럼 멈춰 설 수밖에 없었다. 전투의 승자가 된 마르텔은 자신도 기병대를 만들기로 마음먹었다.

> 벽처럼 단단한 … 함께 단단히 얼어붙은 얼음 벨트처럼.
>
> - 투르에서 마르텔의 보병에 대한 동시대의 묘사

• 기병

중세 군대에서 기수가 확실하게 기여한 바는 바로 기동성이다. 군사 작전에서 습격이 회전會戰보다 훨씬 중요했던 시대에 정찰과 토벌 임무를 위해 빠르게 장거리를 이동할 수 있던 기수의 역할은 매우 귀중했다.

프랑크의 왕이자 서쪽 황제 샤를마뉴Charlesmagne(747~814)는 가공할 위력의 기병대를 전장에 전개했다. 그런데도 50년간의 군사행동에서 회전은 단 두 번, 모두 783년에 벌였다는 점이 중요하다. 프랑크 기병대는 기강이 엄정했고, 흔히 사용한 전술은 밀집돌격이었으며, 경우에

박차

8세기 북유럽에서 박차가 도입된 사건은 중기병대의 발전에서 중요한 단계였다. 박차는 비잔틴 제국과 무슬림 세계에서 오랫동안 사용되어 왔고 투르 전투에서 우마이야 기병대도 사용했다. 박차의 도입으로 인해 말에 탄 전사들이 카우치드 랜스couched lance(겨드랑이에 끼우고 손으로 꼭 잡는 기병창)를 사용하게 되었다는 주장은 여전히 논란거리다. 박차를 사용하면서 말과 갑옷의 무게를 합쳐 돌격할 수 있게 되었으므로 앞을 가로막는 보병들을 충격력만으로도 돌파할 수 있게 되었다. 하지만 박차가 도입된 직후 몇 년 동안 이러한 전투 방법을 전쟁에 사용했다는 증거는 없다.

따라 말에서 내려 보병으로 싸울 준비를 갖추었다. 작센 공작 '새잡이 하인리히Henry the Fowler'(876~936)의 중기병대에 있던 '철인대men of iron'는 이러한 기강을 계속 유지했다.

카우치드 방식으로 기병창을 잡는 모습은 바이외 태피스트리Bayeux tapestry(1080년경)에서 볼 수 있다. 이 태피스트리는 보병에게 돌격하는 기병을 보여주는 유일한 중세 회화자료다. 헤이스팅스Hastings 전투(1066)에서 노르만 기병이 반복해서 돌격했으나 색슨군의 방패 벽을 돌파하지 못한 모습이 묘사되어 있다. 전투 마지막 단계에서 색슨군 전열이 붕괴하고 나서야 노르만 기사들은 흩어진 색슨 보병에 타격을 가할 수 있었다.

· 사슬 갑옷

800년 전후에 샤를마뉴는 군 장비를 체계화했다. 보병은 창, 방패와 활을 휴대했다. 기병은 기병창, 방패, 화살과 장검으로 무장했다. 프랑크군 선봉인 카롤링거 왕조 기병의 갑주 기사는 투구, 다리 보호대와 쇠사슬 셔츠를 갖췄다. 갑주 기사는 샤를마뉴의 군사비 지출 목록에서 큰 비중을 차지하는 '비싼 물건'이었다. 전마戰馬와 사슬 갑옷을 합친 비용이 소 30마리와 맞먹었다. 따라서 기동전의 핵심은 필연적으로 샤를마뉴가 거느린 자유인과 왕가의 봉신들, 그리고 장구를 공급한 동지들 중 부유한 사람만이 차지할 수 있었다. 전사자가 입었던 사슬 갑옷은 약탈당하는 경우가 흔했으며, 이는 약탈한 본인이 직접 입거나 팔기도 했다.

쇠사슬 갑옷은 켈트족이 발명한 때인 기원전 300년 전후부터 존재해왔다. 이 갑옷은 로마군이 도입해 북아프리카에서 일본까지 전해져 전 세계적인 전쟁 장구가 되었다. 중세시대에 사슬 갑옷은 '링 마이ring maille'라고 불렸는데 메시 혹은 그물이라는 뜻이다. 우리가 쓰는 사슬 갑옷chain mail이라는 단어는 빅토리아 시대 고딕 취향 부흥의 산물이다. 여기에서 'mail'이라는 단어는 그 자체로는 갑옷 재료인 사슬이라는 뜻이며 사슬로 만든 옷이 아니다.

> **[샤를마뉴는] 큰 체구에 몸집이 단단했으며 키가 발 길이의 일곱 배였다고 하니 대단히 장신은 아니었으나 키가 큰 편이었다.**
>
> - 샤를마뉴의 전기작가 아인하르트Einhard, 『샤를마뉴 대왕의 생애Vita Karoll Magni』

455년에 서로마제국이 붕괴하자 판갑 제작에 필요한 사회 기반시설이 소실되었고 판갑은 사슬 갑옷으로 대체되었다. 유럽의 생산방식은 켈트족 이래로 거의 변하지 않았다. 사슬 갑옷을 이루는 고리는 화살에 맞거나 창 또는 칼에 찔렸을 때 벌어질 위험을 최소화하고자 리벳으로 단단히 끝부분을 고정했다. 14세기까지 사슬 갑옷은 무쇠로 된 통짜 고리와 리벳으로 끝을 접합한 고리를 번갈아 엮은 줄로 만들었다. 독일의 연대기 작가 메르세부르크의 티트마르Thietmar of Merseburg는 색슨왕 애설레드 2세Aethelred II(재위 975~1016)가 런던에 사슬 갑옷 2만 4,000벌을 보관하고 있다고 기록했다.

사슬로 된 긴 상의인 노르만식 호버크hauberk를 착용할 때는 피부가 금속에 긁히지 않도록 상당히 두툼한 천 셔츠를 안에 입었고, 나쁜 날씨에 쇠가 젖지 않고 착용자의 가문 문장이나 문구를 보여주기 위해 갑옷 위에 덧옷을 입었다. 착용자가 말을 타는 동안 넓적다리를 어느 정도 보호할 수 있도록 사슬 갑옷 상의는 정면에서 양쪽으로 갈라졌다(호버크는 무릎까지 내려오는 경우가 많았으며 승마의 편의와 본문에서 기술된 이유로 밑자락에서 사타구니까지 갈라졌다—옮긴이) 벨트로 고정된 몸에 붙는 사슬 갑옷 바지가 이 부분의 방어력을 보강했을 것이다.

사슬 갑옷의 한계

사슬 갑옷은 날이 있는 무기로 하는 베기 공격과 뾰족한 무기로 하는 찌르기 공격 방어에는 효과적이었다. 그러나 검으로 정확히 수직 각도로 표면을 타격하면 연결된 고리를 벨 수 있었다. 사슬을 리벳으로 접합하지 않은 경우에는 창으로 정확히 겨누거나 얇은 칼로 찌르면 갑옷이 뚫릴 수 있었다. 사슬 갑옷은 폴액스poleaxe(긴 자루에 달린 도끼—옮긴이)나 핼버드halbard(미늘창이라고도 함. 도끼와 창을 한데 합친 무기—옮긴이)같이 타박상이나 골절상을 일으킬 수 있는 모든 타격병기로부터도 착용자를 보호하지 못했다. 사슬 갑옷은 철퇴나 전투망치에 맞아 생기는 외상도 막지 못했다. 결국 착용자는 단단한 투구를 사슬로 만든 코이프coif(머리가리개—옮긴이) 위에 써야 했다. 중세 외과의들은 골절 부위를 접골하고 치료할 수 있었지만 위생에 무지했기 때문에 사실 심각한 감염 위험이 있는 절상이 더 큰 문제였다.

14세기경에는 판갑이 사슬 갑옷을 대체했다. 그즈음 판갑은 쇠뇌 화살, 타격용 무기, 창으로 찌르기에 대해 사슬 갑옷보다 방어력이 좋았다. 그러나 14세기와 15세기에 장궁longbow과 핼버드로 무장한 기율이 잘 잡힌 보병은 말탄 기사의 맞수가 되기에 충분함을 입증하고 있었다.

바이킹 롱십

(785~1429)

역사상 가장 아름다운 병력 수송선

바이킹Viking은 덴마크, 노르웨이, 스웨덴 등 지금의 스칸디나비아 국가 지역에서 살던 민족으로 주로 농사를 짓고, 배를 만들고 선원으로도 활동했다. 노르웨이의 산악지대, 스웨덴의 삼림, 덴마크의 사질토양이라는 지형적 제약 때문에 농사를 짓기 힘들었던 바이킹은 북서유럽, 러시아와 지중해 습격으로 눈을 돌렸다.

스웨덴의 바이킹들은 동쪽 러시아로 눈을 돌리는 경향이 있었던 반면, 덴마크와 노르웨이의 바이킹들은 서쪽으로 항해해 잉글랜드와 프랑스에 식민지를 세웠다. 9세기에 잉글랜드의 앵글로색슨 왕국 4개 중 3개를 점령하고 정착한 '대덴마크군Great Danish Army'의 규모는 학자들 사이에서 오랫동안 논쟁거리였으나 아마 몇천 명을 넘지 못했으며, 주기적으로 잉글랜드 해안에서 치고빠지기식의 공격을 한, 개인적 연대에 바탕을 둔 소규모 연합군이었을 것이다.

· 바이킹의 전쟁

11세기 말까지 바이킹은 대개 보병으로 싸우다가 원정이 끝나면 해산해 농사를 짓거나 배를 만들며 살거나 다른 무리에 끼어 계속 전쟁했다. 『앵글로색슨 연대기Anglo-Saxon Chronicle』(871)에 따르면 잉글랜드에서 원정하던 바이킹들은 간혹 특별하게 만든 숙영지에서 겨울을 났다고 한다. 스칸디나비아에서 발견된 10세기의 환형요새ring forts 유적 다수가 이 기록을 증명한다. 하지만 영국에서 이런 요새는 더비셔Derbyshire의 렙턴Repton에서 단 한 군데만 발견되었을 뿐이다. 대덴마크군이 873~874년에 이곳에서 겨울을 보냈다.

바이킹의 주 무기는 창, 검, 그리고 긴 손잡이가 달린 전투 도끼였다. 무기는 신분의 상징이었고 현존하는 유물을 보면 정교한 장식으로 꾸민 예가 많다. 초기의 도검은 길게 뽑은 연철과 연강 조각을 꼬아서 벼린 다음 날을 가는 접쇠 단조pattern-welded 기법으로 제작되었다.

바이킹은 나무판으로 만든 원형 방패를 휴대했다. 가운데에는 쇠로 된 손잡이를 달기 위한 구멍이 있었고 리벳으로 방패 뒷면에 손잡이를 고정했다. 일부 바이킹은 비르니byrnie라는 허리 아래까지 내려오는 사슬 갑옷을 입었다. 매우 비싼 이 갑옷은 무리의 지도자만 입었다. 투구(전설 속의 뿔 달린 투구는 말 그대로 신화였을 뿐이다.)도 마찬가지였다. 바이킹 대부분은 동물 가죽으로 만든 모자로 만족해야 했다.

바이킹은 정해진 대형을 짜서 싸우지 않았고 전술은 원시적이었다.

응집력은 무리의 지도자에 대한 충성심에서 생겨났다. 바이킹은 앵글로색슨족이 선호한 '방패벽sheild wall'(10장 참조) 전술을 사용했고, 오딘Odin 신에게 바치는 의미로 적 전열 너머로 투창하며 전투를 시작했다. 그다음에는 빗발치는 화살과 돌세례가 이어졌다.

· 롱십

역사상 가장 아름다운 병력 수송선인 바이킹 롱십은 9세기부터 11세기까지 바이킹 해상세력의 상징으로서, 석기시대까지 거슬러 올라가는 스칸디나비아반도의 선박 건조 전통의 총화였다.

전쟁에서 사용된 롱십에는 여러 종류가 있었다. 가장 작은 배인 스네키아snekkja('가늘고 튀어나온 것')는 길이 17미터에 폭 2.5미터였다. 이

버서커Berserker

두려움의 대상이었던 유명한 바이킹 버서커는 전쟁의 신 오딘에게 헌신하는 무리를 가리키는 말로, 베어-사크bare-sark(셔츠 없는)라는 단어에서 유래했다. 버서커는 곰가죽으로 몸을 감쌌으나 갑옷을 입지 않았고 12명 단위의 집단으로 싸웠다. 이들은 알코올이나 환각을 일으키는 버섯을 복용해 광란 상태로 싸우러 나갔는데, 흐롤프Hrólf의 사가Saga에서는 이렇게 묘사된다. "가끔 자기 자신도 통제할 수 없는 분노에 사로잡히면 이 거한들은 사람이든 짐승이든 닥치는 대로 죽였다."
잉글링가 사가Ynglinga Saga에서 시인 스노리 스툴루손Snorri Sturluson은 이렇게 썼다. "그[오딘]의 부하들은 갑옷 없이 개나 늑대처럼 몹시 화가 난 채 앞으로 뛰쳐나갔다. 이들은 방패를 물어뜯었고 늑대나 들소처럼 힘이 셌고 한 방에 사람들을 죽였다. 하지만 불로도 쇠로도 이들을 어찌할 수 없었다. 이것은 버서커강Berserkergang이라고 불렀다."

배의 승조원은 41명(노잡이 40명, 조타수 1명)이었다. 정복자 윌리엄William the Conqueror은 1066년의 잉글랜드 침공에서 롱십 600척을 사용했다고 전해진다. 고고학자들이 발굴한 가장 큰 롱십 중 하나는 스케이skei('물을 가르고 나가는 것')로, 길이는 30미터에 조금 못 미치고 승조원은 최대 80명이었다. 이보다 더 긴 롱십도 존재했다. 노르웨이의 이교도를 내리치는 기독교의 망치라 불렸던 올라프 트뤼그바손Olaf Tryggvason(재위 960~1000) 왕이 만든 롱십은 길이가 거의 46미터에 이르렀다. 이들은 한 가지 공통점이 있었다. 설계, 구조, 자재가 잘 결합된 완벽한 습격용 기계이자 태생적으로 항해 안정성이 뛰어나고 흘수선이 얕아 어느 해안에나 상륙할 수 있으며 유럽에 있는 강들을 거슬러 올라갈 수 있게 만들어진 양날검과도 같은 함선이라는 점이다.

“ 피를 맛보는 자들이여, 그대 버서커들에게 묻노니,
용감무쌍한 영웅들, 그들이 어떤 대접을 받는지,
성큼성큼 걸어 전장으로 가는 이들이?
그들은 늑대 가죽을 걸친 이들이라 불린다. 전투에서
그들은 피에 젖은 방패를 걸친다.
전투에 올 때 그들의 창은 피로 붉게 물들었다.
그들은 단단히 진을 짠다.
적의 방패를 깨부수는 그런 사람들을 믿는 것이

가장 뛰어난 그의 지혜로다.

- 하랄Harald 왕의 버서커를 묘사한 9세기 사가

롱십은 어딘가에 그려진 도해나 설계 패턴을 따라 건조되지 않았다. 조선공들은 작업을 시작하기 전에 완성된 배의 모습을 마음속에 그렸을 뿐이었다. 롱십 대다수는 덧붙여댄 널로 만들어졌다. 선체를 만들 때는 판재와 판재를 겹쳐가며 배의 모양을 갖춰나갔다. 그리고 타르에 적신 이끼를 발라 선체에 방수 처리를 했다. 타르칠을 마친 새로 건조한 롱십은 타르가 마르도록 겨우내 보관소에 두었다. 노 구멍에는 나무 원판을 끼워 침수를 막았다.

스웨덴의 묘석에는 700년경의 롱십이 항해하는 장면이 묘사되어 있으며, 가장 오래된 고고학적 증거는 835년에 부장된 배로 거슬러 올라간다. 양모로 만든 돛에 가죽 띠를 덧대 강화했는데, 이는 돛이 젖었을 때 형태를 유지하는 데 도움이 되었다. 돛이 도입되면서 롱십 건조에 새 시기가 열렸다. 용골이 더 깊어졌고 선폭이 더 넓어졌으며 건현이 더 높아졌다. 해안에 접근할 때나 강에서 항해할 때는 노를 이용했다. 노잡이는 개인 소지품을 담은 사물함 위에 앉았다. 항해에 유리한 조건에서 롱십은 11노트까지 속도를 낼 수 있었다.

이물과 고물에 있는 무서운 동물의 머리는 롱십이 육지로 다가갈 때만 부착해서 거친 풍랑을 만났을 때 파손되는 사태를 피했다. 양현에

롱십 전투

해전은 드물었으며 전투는 언제나 해안에서 가까운 곳에서 벌어졌다. 적 함대에 대항하기 위해 밧줄을 이용해 배를 한 줄로 묶었다. 이물에서 다른 배로 건너가기 위해 백병전이 벌어지기 전까지는 투창과 화살이 빗발치듯 오갔을 것이다. 배를 만드는 데는 상당한 시간, 자원, 인력 투입이 필요했으므로 목표는 적함의 파괴라기보다 나포였다.

방패를 가득 달고 항해 중인 롱십의 묘사는 실제와 맞지 않는다. 방패는 바다에 빠뜨려 잃어버리기에는 너무나 귀중한 물건이었다. 조타는 우현에 부착된 노 하나가 맡았다.

바이킹은 태양과 바다, 풍향을 예민하게 관찰해 항해했다. 역사가들은 바이킹들이 원시적인 아스트롤라베astrolabe를 사용했으며 별을 관측해 항로를 정했을지 모른다고 추측해왔다. 바이킹 항해사들이 일부 사가에서 언급된 '태양돌sun stone'을 썼을 수 있다는 의견도 있다. 이 돌은 천연 근청석cordierite 결정체였을 수 있다. 노르웨이에서 '바이킹의 나침반'이라는 별명으로 불리는 이 돌은 태양에 비추면 색이 바뀐다. 이 돌을 본 항해사는 심지어 흐리거나 안개 낀 날에도 태양의 방위각을 결정할 수 있었다.

12세기와 13세기에 건현이 더 높은 한자동맹식 코그Hanseatic Cog가 개발되면서 롱십의 시대는 끝나갔다. 코그선은 다음 세대에 등장할 범선의 시조다. 습격을 위해 설계된 롱십은 요새화된 항구도시와 진보한 해상전투의 시대를 맞아 경쟁력을 잃었다. 1429년에 마지막으로 소집된 바이킹 롱십은 코그선 7척에 패했다.

방패벽

(577~1087)

어깨와 어깨를 맞대어 만드는 벽

앵글로색슨족은 게르만계 부족의 후예이며 이들은 4세기부터 잉글랜드에 들어와 유럽의 본거지에서 그랬듯이 다양한 크기의 여러 왕국을 세워 잉글랜드를 나눴다. 어깨와 어깨를 맞대고 방패를 드는 것은 이들의 주된 방어 책략이었다.

6세기부터 경쟁 관계에 있던 소군주(드리텐dryhten)들이 이웃이 자신의 백성들을 강탈하는 것을 막으려 분투하는 동시에 이들을 이끌고 약탈과 정복을 위한 무장 원정을 떠나면서 전쟁이 고질적으로 자리잡았다. 평화는 전쟁의 결과이자 다른 전쟁의 전주곡에 불과했다. 이 체계는 군주가 선물(무기와 갑옷, 나중에는 토지)을 부하에게 하사하면 이들은 군사 복무로 이를 갚는 얽히고설킨 호혜 관계에 기반을 두었다.

• 앨프레드 대왕

앨프레드 대왕Alfred the Great이 871년에 웨섹스의 왕위를 물려받았을 때 군사적 환경은 빠르게 변화하고 있었다. 잉글랜드 왕국은 바이킹 침공이라는 용광로에서 탄생했다. 871년에 편찬된 『앵글로색슨 연대기』는 앨프레드가 물려받은 군사 체계가 어떤 모습이었는지 잘 보여준다. 중앙군(폴크folc, 왕이 이끎)이 있고 귀족이 이끄는 주shire 단위 지방군과 세인thegn(소귀족)이 이끄는 소규모 전투 집단war band이 있었다. 지역을 중심으로 한 세 부대는 모두 독립적인 군대였다.

앨프레드는 878년 5월에 구트룸Guthrum의 덴마크군을 웨스트컨트리West Country 에탄던Ethandun에서 물리친 다음 색슨군의 군사 체계를 적극적으로 개혁했다. 그는 영토 전체에 걸쳐 수비대가 주둔하는 요새에 해당하는 버르스burhs(버로borough) 체계를 만들었고 귀족과 수행 종자만을 산발적으로 동원해 편성한 일시적 군대인 퓌르드를 재조직해 강력한 상비군으로 바꿨다. 군대는 둘로 나뉘었고 『앵글로색슨 연대기』에 언급되듯, "버로를 지키는 병사들을 제외하고 항상 절반은 집에 있었고 절반은 복무했다."

퓌르드는 아직 귀족과 그보다 신분이 낮은 종자들로 구성되었지만, 계급이 높은 퓌르드만fyrdman은 준직업적 전사로서 장비를 잘 갖춘 적의 직업군인을 상대할 수 있을 것으로 기대되었다. 앨프레드의 개혁에는 많은 인원이 동원되어야 했다. 버르에 수비대를 주둔시키는 데만 약

3만 명이 필요했는데 이때 잉글랜드 전체 인구가 약 100만 명이었다. 앨프레드가 발휘한 천재성 덕분에 그가 죽고 20년 뒤에 덴마크인이 점령한 웨스트컨트리를 서색슨West Saxon 왕들과 머시아Mercia(앵글로색슨 7왕국 중 하나로 527~918년 사이에 존속했다. 지금 잉글랜드의 중북부 지방에 해당한다-옮긴이) 연합군이 수복하게 되었다. 10세기 중반에 마지막 덴마크 왕이 잉글랜드에서 쫓겨났다.

· 헤이스팅스의 방패벽

1066년 1월에 왕위에 오른 잉글랜드의 색슨 왕 해럴드 고드윈슨Harold Godwinson은 그해 두 전선에서 전쟁을 치렀다. 9월 25일에 그는 동생 토스티그Tostig와 노르웨이 왕 하랄 하르드라다Harald Hardrada가 이끄는 침공군을 요크셔Yorkshire의 이스트라이딩East Riding에 있는 스탬퍼드 브리지Stamford Bridge 전투에서 물리쳤다. 고드윈슨은 승리를 거두자마자 발걸음을 돌려 남쪽으로 행군해 또 다른 왕위 주장자와 대결했다. 9월 27~28일에 군대를 거느리고 페븐시Pevensey에 상륙한 노르망디의 윌리엄 공작Duke William of Normandy이었다. 윌리엄은 내륙으로 진격해 헤이스팅스Hastings에 도달해 10월 14일 아침에 해럴드 왕이 이끄는 군대와 마주쳤다.

색슨군은 대개 방패벽 뒤에서 보병으로 싸웠다. 방패벽은 역사가 오래된 전술로서 기원전 7세기부터 그리스군이 사용했으며 나중에는 로마군도 사용했다. 로마 군단병들은 이 진형을 테스투도testudo(거북이)라 고 불렀다. 이 진형에서 가장 앞줄은 방패를 수직으로 들고 그 뒤의 병사들은 방패를 머리 위로 들어 적이 던지는 투사체가 뚫을 수 없는 방벽을 만들었다.

"—— **그는 진정 잉글랜드 전역을 다스렸다. 그리고 그의 권한으로 철저하게 영역을 조사하여 잉글랜드에 자신이 소유주를 모르는 숨은 땅이나 가치를 모르는 땅은 전혀 없었고, 그 조사 결과를 대장에 적었다.**

- 「둠스데이 북Doomsday Book」에 관해, 『앵글로색슨 연대기』

초기 중세시대의 북유럽에서도 방패벽은 익숙한 방어 전술로 남아 있었다. 특히 반 직업군인인 병사들로 대열을 전개할 때 사용되었다. 이 전술의 약점은 대열이 한 번 뚫리거나 흩어지면 방어군이 기병의 공격에 취약해진다는 것이었다. 색슨군의 방패는 둥근 형태였고 피나무로 만들어져 손으로 잡기에 가벼웠다. 피나무는 매우 튼튼하고 잘 쪼개지지 않는다는 장점이 있었다. 일반적인 방패의 직경은 약 92센티미터였다.

헤이스팅스에서 해럴드는 캘드벡 힐Caldbec Hill이라는 경사가 급한 능선에 최적의 방어 위치를 잡고 측면 방어에도 만전을 기했다. 윌리엄이 잉글랜드 정복을 원한다면 공격해야 했다. 전투는 오전 9시경 시작되었다. 노르만군 보병대 2개 대열이 잉글랜드군 전열 돌파에 실패하자 기병대가 언덕을 올라 색슨군을 공격하라는 명령을 받았다. 색슨군 보병대는 촘촘히 세운 창을 번득이며 밀집대형으로 편성되어 있었다. 곳에 따라서 전열은 10열로 되어 있었다. 노르만 기병은 방패벽 정면으로 말을 달릴 수밖에 없었다. 이들은 돌격하며 색슨 전사들로 가득 찬 전열에 투창을 던지고 왼쪽에서 오른쪽으로 지나친 다음, 투창을 더 가지고 가기 위해 언덕 밑으로 내려가야 했다.

바이외 태피스트리

바이외 태피스트리는 길이가 거의 70미터에 이르는 자수를 놓은 천이다. 헤이스팅스 전투로 종결된 노르만의 잉글랜드 정복에 이르는 각 사건이 연재만화 형식으로 기록된 이 태피스트리는 당시 군사 관행에 대하여 풍부한 정보를 제공하는 독특한 자료다. 태피스트리에는 헬리 혜성(1066년 4월)이 떨어지는 모습을 묘사한 자수가 있다. 이는 해럴드에게 나쁜 징조였다. 이와 더불어 노르만식 모트 앤 베일리 성mott-and-bailey castle, 헤이스팅스에서 색슨군의 방패벽, 노르만군의 말도 보인다. 쓰러진 두 기사 그림에는 리오프윈Leofwine과 귀르트Gyrth라는 이름이 붙어 있는데 해럴드 왕의 동생들이다. 근육질의 오도Odo 주교(윌리엄의 이복동생. 바이외의 주교—옮긴이)는 철퇴를 휘두르며 급박한 순간에 노르만군을 독려한다. 노르만 기사들에게 건재한 모습을 보이기 위해 윌리엄이 투구를 벗어 얼굴을 보인다. 해럴드 왕의 이름이 여러 기사 위에 나오기 때문에 왕의 운명을 정확히 알아낼 수는 없다. 눈에 화살이 박힌 한 희생자 위에 'Harold Rex'(해럴드 왕)라는 명문이 보이는데 이는 보수하면서 나중에 추가한 자수다. 마지막 장면에서는 무기를 버리고 전장에서 도망치는 색슨군이 보인다.

• 가짜 후퇴

이때 노르만군 사이에 윌리엄이 전사했다는 소문이 퍼졌다. 노르만군 좌익이 후퇴하면서 패배할 위험에 처했다. 위기의 순간, 윌리엄은 부하들을 독려해 다시 재집결시켰고 결정적으로 전술을 바꿨다. 기병대 돌격을 막아낸 후 지친 색슨군은 노르만군이 후퇴를 가장하자 여기에 속아 방패벽을 포기하고 추격에 나섰다. 이제 취약한 상태가 된 색슨군은 노르만 기병을 상대로 그 대가를 치렀다. 날이 저물 무렵 3,000명 규모의 후스카를housecarls 친위대(원래 노르드인의 전사집단을 가리키는 말이나 헤이스팅스 전투 당시에는 왕의 정예 친위대—옮긴이)와 함께 전열 한가운데에 있던 해럴드 왕은 얼굴에 화살을 맞았고 일단의 노르만 기사의 칼을 맞고 목숨을 잃었다. 후스카를 친위대는 마지막 한 사람까지 싸웠으나 그날, 잉글랜드의 왕관은 이미 노르망디의 윌리엄의 것이었다. 색슨족의 반란이 평정되기까지 그 뒤로 4년이 더 걸렸고 이후 윌리엄은 불만에 차서 반항을 일삼는 색슨인들을 철권으로 다스렸다.

11 · The Castle

성

(992~1487)

성을 짓는 다양한 방법

1000년과 1400년 사이 성이라는 형태로 표현된 축성술은 전쟁 수행에서 핵심적 위치를 차지했다. 814년에 샤를마뉴 황제가 서거한 다음 바이킹, 무슬림, 마자르인의 공격, 중앙집권적 군주의 권위 하락을 비롯한 여러 요소가 합쳐져 서유럽의 기독교 세계는 지방 위주의 체계로 내려앉았다. 성과 추종하는 기사들을 거느린 영주는 무시할 수 없는 세력이었으며 대영주들이 공들여서 자기 편으로 삼아야 할 '선수'였다.

성을 둘러싼 전투는 회전보다 더 중요했던 경우가 많았다. 앵글로색슨인의 잉글랜드에서는 성이 없었기 때문에 노르만인은 1066년의 헤이스팅스 전투 이후 잉글랜드를 쉽게 정복할 수 있었다. 노르만인은 목재와 흙으로 빠르게 축성할 수 있는 '모트 앤드 베일리'식 성을 선호했다. 바이외 태피스트리를 보면 헤이스팅스 전투가 벌어지기 며칠 전에 만든 성 하나가 보인다. '모트 앤드 베일리'식 성은 둔덕motte 위에 세워진 탑과 여기에 부속된 방어구획bailey으로 구성된다. 방어구획 안에는 예배당, 창고, 주민 거주지가 있었다.

• 석성

앙주의 풀크 네라Foulques Nerra of Anjou가 992년에 랑제Langeais에 지은 탑처럼 돌로 만든 성은 짓는 데 시간이 훨씬 오래 걸렸고, 잉글랜드에서는 12세기에 들어서야 모트 앤드 베일리식 성이 석성Stone Castle, 石城으로 대체되었다. 노르만 지배를 돌로 장중하게 웅변하는 듯한 런던의 화이트 타워White Tower(런던탑Tower of London이라고도 불린다 – 옮긴이)는 1100년에 준공되었다. 노퍽Norfolk의 라이징성Castle Rising은 1138년에 완성되었는데 층마다 기능이 다른 아성tower keep, 牙城(성 안에 지어진 요새화된 탑으로 성이 함락될 경우 최후의 거점으로 삼았다– 옮긴이)의 훌륭한 예시다.

점점 더 복잡해진 축성술은 한 성안에 또 다른 성이 있는 동심원성concentric castle, 同心圓城의 등장으로 이어졌다. 동심원성이 건설되면서 성에는 내정inner ward, 內庭과 외정outer ward, 外庭이 생겼다. 뒤리드Dwyryd강 삼각주의 바위 위에 자리잡은 웨일스의 할렉성Harlech Castle은 잉글랜드 왕 에드워드 1세가 1283년부터 1290년까지 웨일스 정복의 일환으로 건축한 성으로, 동심원성의 좋은 사례다.

할렉성의 외벽은 거대한 내벽에 비하면 낮고 두께가 얇았으며, 작은 성문 너머에 방어탑이 없었다. 하지만 사각형의 내정 각 모퉁이에는 거대한 원통형 탑이 있었다. 한때 바다를 내려다보았던 문루 양편에는 육중한 탑 두 개가 있고 통로는 여러 개의 문과 격자형 수직 폐쇄문인 포트컬리스portcullis와 머더홀murder hole로 방어되었다. 머더홀은 통로 지붕에 뚫어놓은 구멍으로 여기에서 화살을 겨냥하거나 끓는 기름, 생석회, 또는 뜨거운 물을 공격자에게 들이부었다. 머더홀은 성벽에 발코니처럼 튀어나온 여장parapet, 女墻인 석락machicolation, 石落에도 만들어졌다.

할렉성은 바위를 끼고 절벽 아래 60미터 길이로 이어진 요새화된 계단을 통해 잉글랜드 함선이 수송해 오는 물자를 안전하게 보급받았다. 이런 구조 덕분에 할렉성은 장미전쟁(1455~1487) 때 7년간 이어진 포위전도 버틸 수 있었다.

• 크락 데 슈발리에

흑색화약을 쓰는 포병이 등장하기 전, 성은 보급 기지와 패배할 경우의 피신처 혹은 습격이나 원정의 도약대로 기능했다. 적의 영토 안이나 국경 근처에 성을 구축하는 것은 적대적 의도를 표명하는 행동이었다. 더욱이 성의 수비대는 병참선을 위협할 수 있었다. 따라서 성을 탈취해서 파괴하든지 아니면 적군을 공격할 때 사용하여 위험성을

할렉의 수비대

성에 수비대를 주둔시키는 데는 비용이 많이 들었다. 그래서 평시에는 반드시 필요한 인원만 주둔하는 경우가 많았다. 1404년 할렉성 비품 대장에 따르면 성의 수비대에는 방패 3개, 투구 8개, 기병창 6개, 장갑 10짝과 대포 4문만 있었다. 1404년 성이 웨일스 공작 오아인 글린두르 Owain Glyndwr에게 함락되었을 때 수비대는 굶주림과 질병으로 21명으로 줄어들어 있었다.

제거해야 했다.

“ —— **아마도 세계에서 가장 잘 보존되고 더없는 경탄을 자아내는 성**

- T. E. 로런스T. E. Lawrence, 「크락 데 슈발리에에 대해서」, 1935년

시리아의 홈스Homs시에서 약 48킬로미터 떨어져 있는 크락 데 슈발리에Krak des Chevaliers는 십자군의 의도를 빼어난 형태로 표현한 작품이자 중세 최고의 동심원성 중 하나다. 높이 659미터의 언덕 꼭대기에 도사리고 앉은 이 성은 지중해 연안의 안티오크에서 베이루트를 잇는 유일한 도로를 내려다보는 위치에 있었으며, 옛 십자군 왕국들의 국경 방어를 맡은 성채 방어망의 핵심이었다. 크락 데 슈발리에의 수비대인 구호기사단Knights Hospitaller(요한기사단의 별칭-옮긴이)은 동쪽 홈스호Lake Homs의 수산업을 통제하며 시리아에 집결하던 이슬람 군대를 감시할 수 있었다.

크락 데 슈발리에는 1031년 알레포Aleppo의 아미르Amīr(이슬람 왕조 시대 속주의 총독이나 군사령관-옮긴이)의 명령으로 축성되었다. 이 성은 제1차 십자군 원정 기간인 1099년에 툴루즈의 레이몽Reymond of Toulouse에게 탈취되었다가 방기되었고, 1100년에 갈릴리 공작 탕크레드Tancred, Prince of Galilee가 이 성을 다시 점유했다. 1150년에서 1250년 사이에는 십자군의 구호기사단이 이 성을 본부로 삼았다. 이 기간에 성이 크게 확장되어 구호기사단원 60명을 포함해 수비대 2,000명을 수용하는 규모에 이르렀다. 아치형 지붕이 있는 거대한 마구간 2개에는 말 1,000마리가 들어갈 수 있었다.

> **세 번째 바슈리야bashuriya(외보外堡)는 말릭 사이드Malik Sa'id의 갱도 굴착대가 탈취했다. … 그리고 병사들은 성 안으로 돌격해 구호기사들을 살육하고 산사람들을 포로로 잡았으나 주민들은 풀어주어 들판에서 계속 농사를 짓게 했다.**
>
> \- 동시대 아랍 연대기 작가가 그린 크락 데 슈발리에의 포위전

• 동심원성

구호기사단은 외벽과 방어탑 7개를 더해 크락 데 슈발리에를 동심원성으로 바꿔놓았다. 남쪽면의 외벽과 내벽 사이에는 성 밖에서 들어오는 수로교aqueduct로 물을 대는 대형 개방식 저수조가 있었다. 동쪽 내벽을 통해 들어오는 성의 입구는 방어시설로 보호되었으며 입구에 도달하려면 유턴을 두 번 해야 했다. 공격자들은 이 과정에서 위쪽의 숨겨진 화살구멍arrow loop을 통해 비처럼 쏟아지는 화살과 각종 공격물에 노출되었다. 가장 취약한 남측면의 성 내벽 두께는 30미터였다. 이 측면의 아랫부분은 경사 사면으로 보강되었고 직경 9미터의 방어탑 7개가 내려다보고 있었다.

1271년, 크락 데 슈발리에는 맘루크 왕조 술탄 바이바르스에 의

바이바르스

1260년부터 1277년까지 이집트의 술탄이었던 바이바르스Baibars(1223~1277)는 바리 친위대 Bari regiment(이집트 아이유브 왕조의 술탄 앗살리흐As-Salih(재위 1240~1249)가 노예 병사로 편성한 친위대—옮긴이)의 노예 병사 출신으로 맘루크Mamluk(엘리트 군인 계층을 형성한 백인 노예. 나중에 인도와 이집트에서 자신들의 왕조를 세웠다—옮긴이) 체제의 산물이었다. 1260년에 시리아의 아인 잘루트 Ayn Jalut에서 벌어진 전투에서 활약해 처음으로 주목할 만한 공적을 세웠고 그 후 술탄 쿠투즈 Qutuz를 살해하고 권력을 장악했다. 군인이자 정치가로서 바이바르스는 맘루크 병단의 힘을 확장했으며 프랑크인이 점령한 시리아로 원정을 떠나 카이사레아Caesarea, 하이파Haifa와 아르수프Arsuf를 점령했다. 1266년에 사페드Safed성을 점령하고 다음해에 야파Jaffa의 요새를 점령했으며 1270년에 잉글랜드의 에드워드 공작(후일의 에드워드 1세)이 이끄는 십자군과 협상을 벌이다가 1271년에 공세로 전환해 크락 데 슈발리에와 사피타Safitha성을 탈취했다. 1275년에 아나톨리아에서 몽골군과 대적해 승리했고 2년 뒤에 다시 몽골군을 격퇴했다. 바이바르스는 뛰어난 정보 전달 체계를 구축하고 비밀스럽게 일처리를 하기로 유명했다.

해 탈취되었다. 바이바르스가 대거 가져온 공성병기 중에는 트레뷰셋 trebuchet과 망고넬mangonel(12장 참조)이 있었다. 하지만 이 전투에서 가장 큰 위력을 발휘한 병기는 속임수였다. 비열한 책략의 달인인 바이바르스는 크락 데 슈발리에의 항복을 명령하는 트리폴리Tripoli(현재 레바논의 타라불루스Tarabulus로 리비아의 수도 트리폴리와 다른 도시다—옮긴이)에 있던 기사단장의 편지를 위조해 제시했다. 바이바르스는 이렇게 확보한 성의 방어시설을 수리하고 남쪽 벽에 탑을 하나 더 설치했으며 구호기사단의 예배당을 모스크로 바꾸고 이 성 전체를 트리폴리에 대한 전진 기지로 삼았다.

중세의 공성전

(1047~1521)

성을 함락하는 다양한 방법

중세 시대 축성의 강점과 전쟁에서 축성이 차지한 중요한 역할 때문에 공격하는 쪽은 공성 기술을 개발하는 데 심혈을 기울였다. 처음에는 방어하는 쪽이 유리했다. 1047년에 노르망디 공작 윌리엄(훗날 잉글랜드 왕 윌리엄 1세)은 경쟁 관계에 있던 귀족 연합세력을 발레스뒨느Val-ès-dunes 전투에서 격파한 다음 이들 중 한 명인 부르고뉴의 기Guy of Bourgogne를 방어에 유리한 강 한가운데에 있는 브리온Brionne성에 몰아넣었다. 윌리엄은 이 성을 포위했으나 항복을 받아내는 데 3년이 걸렸다.

20년 뒤인 1067년, 잉글랜드 왕 윌리엄 1세가 헤이스팅스 전투(1066) 이후 앵글로색슨족의 저항의 중심이 된 엑서터Exeter를 탈취하는 데는 브리온성보다 시간이 덜 걸렸다. 도시의 동문에서 윌리엄은 성벽 위에서 그를 향해 음란한 몸짓을 하는 사람들과 마주쳤다. 윌리엄의 공병대는 즉각 작업에 들어가 성문과 성벽 밑으로 땅굴을 팠고 18일도 걸리지 않아 성벽 일부가 무너졌다. 엑서터의 주교와 사제들이 윌리엄에게 성유물을 바치고 나서야 엑서터 시민들은 더 이상의 처벌을 면했다. 윌리엄은 나중에 데번의 주 장관에게 엑서터성 건축을 지시했다. 이 성의 문루는 잉글랜드에서 가장 오래된 노르만식 건물이다.

• 로체스터 포위전

성과 대면한 포위군은 성벽 밑을 파서 들어가느냐 위로 올라가느냐 중 하나를 선택해야 했다. 존 왕King John은 전자를 선택했다. 1216년 10월, 반기를 든 귀족들에게 충성하는 기사들이 로체스터성을 점령했다. 존 왕은 친히 공성전을 감독했다. 첫 전투에 투입된 공성기 5대는 외성에 이빨 자국도 내지 못했다. 성 외벽이 돌파되고 수비 병력이 아성으로 철수하자 존 왕은 갱도 굴착으로 공격 방법을 전환했다.

> **“ 성탑 밑에 불을 지르는 데 쓸, 먹기 나쁘고 가장 살찐 돼지 40두를 밤낮을 가리지 않고 빨리 과인에게 보내주시오.”**
>
> \- 존 왕이 재상 허버트 디버그에게 보낸 편지, 1216년 11월 25일

돼지 40두를 도축해 내성 밑으로 판 갱도를 지지하는 목재 지주 옆에 쌓았다. 공격군은 갱도를 무너뜨리기 위해 돼지에 불을 붙였다. 갱도가 무너지면 위의 벽도 무너진다. 아성 한 모퉁이가 무너졌다. 그러나 수비대는 굶주림 때문에 어쩔 수 없이 항복하기 전까지 성을 지켰다. 존 왕은 생존자들을 살려주었다. 이 포위전에서 당시의 반월 연대기Barnwall chronicle 작가는 이렇게 말했다. “우리 시대에 일찍이 이렇게 강한

예루살렘 포위전

1099년의 예루살렘 포위전에서 굴리엘모 엠브리아코Guglielmo Embriaco가 이끄는 제노바군은 자신들이 성지까지 타고 온 배를 해체해 공성탑을 만들었다. 성벽까지 천천히 굴러온 공성탑에서 뛰쳐나온 제노바군이 성에 침입하자 무슬림 수비대는 금방 항복할 수밖에 없었다. 당대의 연대기 작가는 이렇게 기록했다. "이교도들을 압도한 우리 병사들은 많은 남자와 여자들을 잡았다. 병사들은 마음대로 이들을 죽이거나 포로로 잡아두었다."

공성전과 이렇게 강한 저항은 없었다. … 이 전투 이후 성을 신뢰하는 사람은 찾아보기 힘들었다."

포위전에서는 도시 외벽에 총공격을 감행하기 전에 대개 공성기를 이용해 투사체投射體를 발사했다. 망고넬mangonel(그리스-라틴어인 만가논manganon, 즉 '전쟁 기계'라는 뜻에서 나온 말)로 알려진 이 캐터펄트식 공성기는 적의 진지에 투사체를 던져넣을 수 있도록 제작되었다. 망고넬을 사용해 바위나 인화성 물질 또는 생물전의 초기 형태로 썩은 시체나 동물의 사체를 적진으로 쏘아 던졌다. 12세기경에 아랍인들과 접촉하면서 십자군은 가공할 만한 무기를 개발했다. 바로 트레뷰셋trebuche이다. 13세기에 들어오자 트레뷰셋은 가장 중요한 공성병기가 되었다.

" —— 우리의 지도자들은 사라센인의 시체를 성벽 밖으로 던지라고 명령했다. 악취가 극심했기 때문이다. 도시 전체가 시신이 내뿜는 악취

로 가득 찼고 살아남은 사라센인들은 죽은 자들을 성문 밖으로 끌고 나가 마치 집이라도 짓듯이 차곡차곡 시신을 쌓았다.

- 예루살렘 포위전이 끝난 후의 상황을 묘사한 글

• 트레뷰셋

나무 기단에 단단히 설치한 A 모양의 뼈대 두 개로 이루어진 트레뷰셋은 평형추를 들어 올렸을 때 생성되는 에너지를 사용해 투사체를 던지는 방식으로 작동한다. A 모양의 뼈대 위쪽 끝 사이에는 발사체를 던지는 지렛대arm가 회전축에 고정되어 있었다. 지렛대의 약 8분의 1은 회전축 앞에 있었고 나머지는 뒤에 있었다. 무거운 평형추(큰 돌을 채운 상자)는 지렛대의 짧은 쪽 끝에 매달려 있었다. 사용자는 다른 쪽 끝에 부착된 밧줄과 도르래 장치를 이용해 윈치로 지렛대를 아래로 당겨 평형추를 위로 올렸다. 지렛대 끝이 투사체를 실을 수 있게 수저 모양인 것도 있었으나 대개 슬링의 원리를 이용했다. 지렛대 끝을 빠르게 수직으로 끌어올리면 슬링 한쪽 끝이 열려 발사체가 투척되는 형태였다. 트레뷰셋으로 죽은 말과 시체를 비롯한 대형 투사체를 상당히 먼 거리에서 발사해 포위된 도시와 마을 벽 안으로 던져넣을 수 있었다.

워윅의 트레뷰셋

트레뷰셋에 비상한 관심을 가진 사람들이 오늘날 만든 트레뷰셋은 놀랄 만한 투척 기록을 세웠다. 예를 들어 워윅Warwick성에 있는 높이 18미터에 무게 22톤짜리 트레뷰셋은 36킬로그램짜리 투사체를 91미터 이상 던진 바 있다.

· 애칭

평형추를 쓰는 트레뷰셋은 12세기의 비잔틴 역사가 니케타스 코니아테스Niketas Choniates의 저작에서 처음으로 언급되었다. 1124년 티레 포위전에서 십자군은 '대형 트레뷰셋'을 투입했으며 1130년쯤에는 시칠리아의 노르만 왕들도 트레뷰셋을 보유했다. 잉글랜드의 리처드 2세Richard II와 프랑스의 필립 2세Phillip II는 아크레Acre 포위전(1189~1191)에서 트레뷰셋을 사용했다. 필립 2세는 자신이 보유한 트레뷰셋 두 대를 각각 '주님의 돌팔매꾼'과 '나쁜 이웃'이라고 불렀다. 1304년 스털링성Stirling castle 포위전에서 에드워드 1세Edward I는 기술자들에게 거대 트레뷰셋을 만들라고 명령하고 '워울프Warwulf'라는 이름을 붙였다. 이 거대한 투석기의 발사속도는 제각각이었다. 1188년 아시윤Ashyun 포위전에서 어떤 트레뷰셋은 1,500킬로그램까지 나가는 바위를 던졌다고 하며, 1147년 리스본Lisbon 포위전에서는 두 대의 트레뷰셋이 15초마다 1회씩 발사했다고 한다. 트레뷰셋은 주로 솔트피터

saltpetre(질산칼륨, 초석)나 원유(나프타naptha)로 만든 소이 무기인 '그리스의 불Greek fire'도 던질 수 있었다.

> **"—— [터키인들은] 공성기로 우리에게 그리스의 불을 던졌다. 내 인생에서 본 가장 끔찍한 광경이었다.**
>
> **- 장 드 주앵빌Jean de Joinville, 『성 루이의 역사』, 1309년**

트레뷰셋의 가장 큰 단점은 너무 크고 기동성이 없다는 점이었다. 1249년 다미에타Damietta 포위전에서 프랑스의 루이 9세는 포획한 이집트군 트레뷰셋 24개로 십자군 진영 전체를 둘러친 목책을 짤 수 있었다. 트레뷰셋은 현장에서 조립하고 분해해야 했는데, 이 모든 작업을 적 공성기의 사정거리 안에서 해야 했다. 화약의 도래와 더불어 트레뷰셋은 도시 파괴자의 위상을 잃었다. 트레뷰셋을 마지막으로 사용한 싸움 중 하나는 1521년 스페인 정복자 에르난 코르테스가 이끈 아즈텍 수도 테노치티틀란Tenochititlán 포위전이다. 트레뷰셋의 마지막 전투는 불명예스럽게 끝났다. 첫 투사체를 발사하자마자 트레뷰셋은 무너져 내리고 말았기 때문이다.

13 · The Sword

도검

(기원전 약 1500~기원후 2012)

전장의 필수 무기

1943년 11월, 영국 수상 윈스턴 처칠은 소련의 스탈린에게 '스탈린그라드의 검'을 증정했다. 이 검은 영국인들이 스탈린그라드를 지킨 이들에게 보내는 감사의 징표로 만든 예식용 도검이다. 제2차 세계대전의 가장 중요한 시점에 스탈린그라드의 검은 군사적 영예의 상징으로서 한 자리를 차지했다.

도검은 단검에서 진화한 검으로 청동기시대에 개발되었다. 기원전 1500년경에 제작된 것으로 추정되는 첫 청동제 도검은 칼자루와 칼날을 별도로 제작하고 리벳으로 결합했다. 이런 종류의 무기는 찌르기 용도로는 효과적이었지만 너무 세게 베면 부서지는 경향이 있었다. 그로부터 500년 뒤, 날과 자루를 하나로 주조한 전형적인 형태의 청동기시대 도검이 등장했다. 자루의 날을 연결하는 슴베 부분에서 폭이 넓어졌다가 완만하게 좁아지며, 날 전체 길이의 3분의 2 부분에서 급격히 좁아져 올라가 뾰족한 칼 끝부분을 완성한다. 이로 인해 자르기와 찌르기 모두에 유용한 무기가 탄생했다.

• 켈트족 칼잡이

철검도 이렇게 정해진 형태를 따랐고 대장장이들은 여러 모양과 형태를 실험했다. 중동에서는 휜 날이 인기를 끈 반면 로마 군단병들은 짧고 폭이 넓은 글라디우스 검을 사용했다. 이 검은 오른쪽에 차고 오른손으로 뽑을 수 있었으며 근접전에서 유리했다.

기원전 4세기 로마군에 용감히 대항한 켈트족 중보병은 검술이 매우 뛰어났다. 기원전 1세기에 저술 활동을 한 역사가 할리카르나소스의 디오니시우스Dionysius of Halicarnassus는 켈트족은 머리 위로 도검을 휘두르며 양편으로 허공을 갈랐다가 적을 아래로 내리치며 나무를 자르듯 적을 벤다고 적었다. 그보다 100여 년 전에 폴리비우스Polybius는 로

접쇠 단조

도검을 제작할 때의 문제점은 무기 구실을 할 정도로 쇳조각을 단단하게 두드리기가 어렵다는 것이었다. 단단하지 않은 검은 실전에서 부러지기가 쉬웠다. 이 문제를 해결한 사람들은 2세기의 프랑크인 대장장이다. 이들은 접쇠 단조Pattern welding라고 알려진 기술을 개발했다. 접쇠 단조란 단단하고 부드러운 쇠막대 두 개를 겹치고 꼬아 하나의 덩어리로 만드는 기술이다. 막대기가 단단해지면 대장장이는 이 덩어리의 가장자리를 따라 망치로 두들겨 날을 세운다. 날을 가열하고 물에 식힌 다음, 자연적으로 식도록 방치한다. 그 후 모양을 잡고 날을 가는 작업을 한다.

마군은 강화한 방패 가장자리로 첫 타격을 받아내는 훈련을 받았다고 특기했다. 폴리비우스는 이렇게 하면 공격자의 칼이 스트리길strigil(모양이 길쭉하고 아래 부분이 살짝 휜 목욕용 도구)처럼 구부러지므로 켈트족이 휜 칼을 발로 밟아서 펴고 있을 때 로마군이 공격할 수 있다고 썼다.

• 신화적 검

그 뒤로 몇 세기가 흐르면서 도검은 신화적 성격을 갖게 되었다. 일급의 검을 만드는 데 비용이 많이 든 점이 이유일 것이다. 바이킹은 양날의 도가니강 칼날과 자루 끝에 무거운 파멀pommel(칼자루 끝에 달린 둥근 장식 – 옮긴이)을 단 후기 로마식 스파타spatha 검의 장검 버전인 자신들의 검에 마술적 속성을 부여했다. 주로 아프가니스탄이나 이란에서 수입한 강철은 검은 젖소 12마리의 가치를 지녔다. 바이킹들은 자기 검에 포트비트르Fotbitr(다리 물기) 혹은 그람르Gramr(흉포한) 등의 별명을 지어주었다.

> “ 나는 첫 돌격에서 적의 독수리 군기를 탈취했다. 적병과 나는 군기를 놓고 격렬하게 싸웠다. 그는 내 사타구니를 향해 칼을 찔렀고 나는 이 공격을 막은 다음 적의 머리를 베었다. 다음에는 적 창기병이 창을 던지며 나를 공격했다. 하지만 나는 칼로 창을 오른쪽으로 비켜 쳐냈다. 그리고 적병을 턱에서부터 위쪽으로 베었다. 칼날은 그

의 이까지 자르고 나갔다."

- 이워트Ewart 하사, 스코츠 그레이Scots Gray기병대 소속, 1815년 워털루 전투

· 도검의 발전

13세기부터 갑옷이 발전함에 따라 도검도 변화했다. 한 손으로 쓰는 베기용 검은 금속판에 튕겨 나갔기 때문에 검을 더 날씬하고 뾰족하게 만들어 갑옷의 취약한 부분을 찾아 공격하고자 했다. 칼자루는 두 손으로 잡을 수 있도록 확장되고 더 길어졌다. 길고 무거운 검으로 공격하면 갑옷을 입은 적이 균형을 잃게 되어 다른 형태의 공격에도 취약해지므로 큰 피해를 줄 확률이 커졌다.

16세기에 들어 갑옷을 더 이상 사용되지 않게 되어 검을 쓰는 사람의 손을 갑옷 장갑으로 가릴 수 없게 되자 손을 보호하기 위해 칼자루와 코등이quillons(칼자루와 칼날 사이에 있는 보호용 날개)가 더욱 복잡해졌다. 레이피어(민간용 무기)를 사용하는 펜싱이 발달하면서 이러한 변화를 촉진했다. 칼자루에 손가락 관절을 보호하는 반원형 가드가 추가되었고, 코등이는 사용자의 손가락을 보호하고 적의 칼날을 빗나가게 하기 위해 더 길고 커졌다.

17세기경에는 칼자루가 바구니 모양인 검이 인기를 끌었다. 찌르기로 점수를 얻는 펜싱 선수들은 상대방의 칼에 손이 찔리는 것을 막아주는 '컵 모양 칼자루'를 선호했다.

보병 부문에서 검은 화기로 대체되었으나 기병대는 계속 도검을 사용했다. 19세기에도 기병창과 검은 기병대가 가장 선호하는 무기였다. 기병도는 똑바로 뻗은 날에서 헝가리 후사르Hussar(칼을 주로 쓰는 경기병의 일종—옮긴이) 기병이 도입한 구부러진 세이버sabre로 바뀌었다. 20세기에 들어서도 네덜란드군은 동인도제도의 식민지 분쟁 기간에 커틀러스cutlas 검(원래 해군이 쓰던 짧은 검—옮긴이)으로 무장했다.

네팔의 구르카Gurkha 연대는 아직도 두려움의 대상인 쿠크리kukri 검을 휴대한다. 쿠크리는 정글도machete와 비슷한 베기용 검이다. 쿠크리 검의 기원은 17세기까지 거슬러 올라간다. 네팔 대장장이들이 만든 쿠크리 검은 대개 35~41센티미터 길이의 강철 날에 나무나 뼈 또는 금속제 손잡이가 달렸다. 크기가 작아서 쿠크리를 만드는 데는 재래식 장검보다 금속이 덜 든다. 쿠크리는 베기와 찌르기 무기로 사용할 수 있고, 숙련자는 말의 내장을 들어내거나 전투에서 적병의 팔이나 머리를 자를 수 있다. 네팔은 아시아에서 영국과 동맹을 맺은 역사가 가장 긴 나라로서 두 나라는 1815년에 외교관계를 수립했다. 그 뒤로 쿠크리는 오랜 세월의 시험을 견뎌왔다. 구르카병과 싸우는 적병은 근접전에서 쿠크리를 마주하게 될 것임을 잘 알았다. 1982년 포클랜드 전쟁Falklands War에서 남대서양에 전개한 구르카병과 대치하게 된 아르헨티나군 징집병들은 이런 일이 벌어지리라 확신하게 되자 공포에 질렸다.

오늘날 전 세계 육해군은 도검을 예식 용도로 사용한다. 병사들은 예복을 착용하고 무기를 휴대하는 퍼레이드, 사열식, 분열식, 지휘관 이취임식 등의 행사에서 도검을 패용한다.

장궁

(1136~1545)

철판 갑옷도 꿰뚫은 백년전쟁 핵심 무기

단순한 무기인 활은 근본적으로 투사체, 즉 화살을 더 멀리, 빠르게, 정확하게, 치명적으로 발사할 수 있는 스프링이다. 활은 형태를 바꾸어가며 최소 8,000년간 사용되어 왔다. 활이 비교 대상이 없을 만큼 전장의 지배권을 확립한 시기는 잉글랜드와 웨일스 궁수가 활을 사용한 1300~1500년이다. 장궁은 북서유럽에서 영국이 200년간 누린 압도적인 군사적 우세를 가능케 한 무기였다.

에드워드 1세(재위 기간 1272~1307)는 자신의 군대에 웨일스 궁수들을 대거 기용했다. 웨일스 궁수들이 휴대한 활은 길이가 약 1.8미터에 이르렀다. 나무를 말리고 구부려서 모양을 잡아 활을 만드는 데 최대 4년이 걸렸으며, 그 후 방수 왁스, 수지, 정제 지방을 바른 다음 삼이나 아마 또는 비단으로 만든 시위를 부착했다.

1350년경 잉글랜드는 활을 만들 재목이 매우 부족했다. 이 때문에 헨리 4세는 왕실 조궁장造弓匠에게 사유지로 들어가 주목과 다른 나무의 벌목을 명령해야 했다. 주목의 공급은 계속 부족해 그 대부분을 남독일과 오스트리아에서 수입했다. 공급을 안정적으로 유지하기 위해 리처드 2세(재위 기간 1377~1400)는 주목에 대한 국가전매를 확립했다. 17세기경에 주목은 거의 씨가 말랐으나 그때쯤에는 총기가 활을 대체하고 있었다.

중세 유럽에서 사용한 갑옷의 질이 향상되었기 때문에 장궁으로 쏜 화살로 갑옷을 뚫으려면 큰 힘이 필요했다. 전투 사격에서 유효성을 유지하기 위해 궁수는 장기간 훈련을 거쳤다. 에드워드 1세는 일요일에 활쏘기 연습 이외에 모든 스포츠를 금지했다. 당시 궁수들의 유골을 검사한 고고학자들에 따르면 왼팔과 왼쪽 손목이 더 커지고 어깨와 오른쪽 손가락에 덧자란 뼈가 생기는 등 골격이 상당히 변형되었다고 한다.

중세 시대 활의 정확한 사거리를 추정하기는 어렵지만, 헨리 8세가 모든 사격장의 길이는 최소 220야드(200미터)여야 한다는 칙령을 내린 바 있다. 정확한 사격을 유지할 수 있는 거리는 약 200야드(183미터)까지다. 1415년 아쟁쿠르 전투에서는 전투 개시 단계에 벌어진 수평 일제사격에서 화살이 250야드(228미터) 거리를 날아갔다.

· 중세의 기관총

중세의 궁수는 화살 70발을 휴대하고 전장으로 갔고, 전투 내내 화살을 나르는 아이들(19세기 영국 해군의 '화약 원숭이powder monkey'에 해당하는)에게 화살을 재보급받았다. 유리한 환경에서 장궁은 빗발같이 쏟아지는 화살로 적에게 정신적·육체적으로 막대한 피해를 입히는 중세의 기관총이었다. 숙련된 궁수는 분당 6발에서 12발을 발사했다.

잉글랜드 궁수가 처음으로 중요한 승리를 거둔 전투는 요크셔에서 스코틀랜드군과 싸운 스탠더드Standard 전투(1138)다. 핼리던 힐Halidon Hill 전투(1333) 때 진창에서 언덕을 올라 영국군 진영을 공격하던 스코틀랜드군은 영국군 궁수들을 상대로 고전했다.

100년 전쟁(1337~1453)에서 잉글랜드와 웨일스 궁수들은 크레시Crécy(1346)와 아쟁쿠르(1415)에서 독보적인 승리를 거뒀다. 이 승리로 인해 잉글랜드는 응당한 명성을 얻었으며, 용병으로 궁수를 찾는 곳이 늘어났고, 군대 구성에서 궁수의 중요성이 갈수록 커졌다.

화살에 의한 부상 치료

화살을 깨끗하게 뽑아낼 유일한 방법은 끓는 물이나 소독 물질에 흠뻑 적신 천 조각을 화살 끝에 묶은 뒤 부상자의 상처를 통해 반대편으로 밀어서 빼내는 것이었는데 매우 고통스러운 과정이었다. 화살이 가끔 뼈에 걸려 제거할 수 없을 때에는 특별한 도구를 사용하기도 했다. 왕실 주치의인 존 브래드모어John Bradmore는 둥근 집게로 1403년 슈루즈베리Shrewsbury 전투에서 다친 헨리 왕자(나중에 헨리 5세)의 화살촉을 뽑아냈다. 의사는 상처를 벌리고 꿀을 바른 나무 못을 삽입해 소독했다. 화살촉을 뽑은 다음에는 보리꿀과 테레빈유를 섞은 습포제를 발랐다. 헨리 왕자는 3주 내에 회복했다.

• 아쟁쿠르의 궁수들

중세에 궁수들은 잉글랜드 군대의 핵심 주력 요소였다. 1350년에는 '랜스lance'(기사와 그 종자들)보다 궁수가 두 배 더 많았다. 15세기에는 랜스 1명당 궁수 10명으로 궁수 수가 치솟았다.

1415년 8월에 헨리 5세가 감행한 프랑스 침공 당시 궁수와 기사의 비율은 약 5 대 1(궁수 5,000명에 기사 1,000명)이었다. 아르플뢰르Harfleur에 기지를 설치한 헨리 5세는 자신이 칼레까지 무아지경으로 나아가듯 행군하는 모습을 보이고 싶어했다. 적지를 가로질러 가며 약탈과 방화를 하는 전술인 '초토화작전chevauchée'은 적에게 굴욕을 주고 도발해 전장으로 끌어들이는 방법이었다. 10월 8일에 헨리 5세는 군대를 이끌고 행군을 시작했다.

• 전투 전야

프랑스군도 헨리 5세의 진격을 차단하기 위해 행동에 나섰다. 10월 24일, 헨리 5세는 프랑스 귀족들이 합동으로 이끄는 약 2만 5,000명의 프랑스군 기사와 전투에 참여하지 않았던 다수의 보병이 영국군 앞에 포진해 있다는 사실을 알게 되었다. 헨리 5세는 그날 밤 메종셀Maisoncelles이라는 마을에서 숙영하고 다음 날 전투를 벌였다. 군대는 비에 젖었고 피로했으며 굶주렸다. 그리고 이질 환자가 다수 발생했다.

프랑스군은 주로 기마 기사와 말을 타지 않은 기사로 구성되었다. 월등히 우세한 프랑스군과 대적한 헨리 5세는 솜씨 좋게 이들을 불리한 환경으로 몰아넣었다. 전장은 두 숲 사이에 끼어 있었는데 얼마 전에 밭갈이를 하고 비로 흠뻑 젖어 있었다. 프랑스군의 수적 우세는 빠르게 약화되었다. 헨리 5세는 궁수들을 좌익과 우익에 배치하고, 중앙에 있는 기사들 사이사이에 고르게 분배했다.

• 궁수, 앞으로!

프랑스군이 공격하지 않는 쪽을 선택하자 헨리 5세는 먼저 주도권을 잡아 장궁 사정거리 안까지 전진했다. 약 300야드(274미터) 거리였다. 궁수들은 발치에 화살을 똑바로 세워두었다. 오늬를 끼우고 시위를 당겨 발사하는 데 걸리는 시간을 줄이기 위해서였다. 궁수들은 뾰족한 말뚝으로 만든 방책으로 보호받으며 첫 일제사격을 했다. 갑옷으로 온몸을 감싼 프랑스군 기마 기사들은 도발을 받자 영국군 전열 측면의 궁수들을 노리고 돌격했다. 이때 일제사격으로 발사한 영국군 화살 수천 발이 갑옷에 부딪히면서 무시무시한 불협화음을 냈을 것이다.

프랑스군의 돌격은 격퇴되었다. 아군 진영으로 돌아가던 기사와 말들은 전진하던 말을 타지 않은 기사대와 충돌했다. 이들은 좌익과 우익의 잉글랜드 궁수대를 무시하고 진영 중앙부를 노리고 있었다. 프랑스군이 이동하기 어려운 진창을 힘겹게 걸어가면서 양군의 거리를 좁혀 갔다. 이들은 잉글랜드 궁수들이 최대 5,000발까지 반복해서 직사하는 화살에 노출되었을 것이다. 그리고 그중 많은 수가 갑옷의 약한 부분을 파고들었을 것이다.

" 대열 앞에서 전진한 스코틀랜드군은 엄청나게 쏟아지는 잉글랜드 군의 화살에 얼굴에 심한 부상을 입고 아무것도 볼 수 없게 되어 스스로를 지키지도 못했다. 곧 이들은 화살을 쏘는 활에서 등을 돌려 도망치기 시작했고 쓰러졌다."

- 「핼리던 힐 전투에 대해」, 『래너코스트 연대기Lanercost Chronicle』, 1839년

• 기사대

말을 타지 않은 기사대는 잉글랜드군 진영 중앙에 어느 정도 타격을 가할 수 있었다. 그러나 전선 정면이 너무 좁고 병력이 지나치게 빽빽히 들어차 있는 까닭에 무기를 이용해 돌파구를 확장할 수가 없었다. 그 결과 이들은 잉글랜드군 기사대와 잠시 활을 내려두고 싸운 궁수대에 격퇴되었다.

말을 타지 않은 기사대는 이제 대단히 불리한 입장에 처했다. 이들이 입은 갑옷의 무게는 32킬로그램에 이르렀으며 균형을 잃고 쓰러지기라도 하면 훨씬 잽싼 잉글랜드군 궁수와 기사들에게 붙잡혀 금

방 목숨을 잃었다. 퇴로가 끊기고 포위당할 위기에 처한 프랑스군은 전투를 포기하고 도주했다.

초기의 화포

(1265~1540)

의미 있지만 결정력은 없었던 중세 무기

주로 추진제로 쓰인 흑색 화약은 9세기에 중국에서 발명되었다. 서구에서는 과학자이자 철학자 로저 베이컨Roger Bacon이 1260년에 출판한 『대저작Opus majus』과 『소저작Opus tertius』에서 흑색 화약에 대해 언급한 것이 첫 관련 기록이다. 베이컨은 "여러 곳에서 알려진 이 가루는 초석, 목탄과 황으로 만든다"라고 적었다.

화기에 대한 가장 오래된 회화적 묘사는 1326년의 필사본인 『데 오피시스 레굼De officis regum(왕의 의무에 관하여)』에 나온다. 이 사본에는 라로셸La Rochelle의 성벽에서 가대架臺보다 나을 게 없는 받침에 설치한 원시적인 화포를 발사하는 한 남자가 실려 있는데, 그가 사용하는 대포는 뒷부분이 볼록하고 포구 쪽으로 가면서 점점 좁아지는 나팔 모양이다. 구멍으로 달군 쇠막대를 넣어 장약에 점화하는 듯하다. 포구에서 발사되는 발사체는 화살이다.

같은 해, 한 이탈리아의 필사본에 피렌체 방어를 위한 황동제 대포와 철제 탄환이 언급되어 있다. 영국에서는 1388년에 왕의 함선 관리인에게 대포 여러 문을 인도하기 위해 작성한 계약서에서 화약 무기가 처음 등장한다. 같은 해에 작성한 한 프랑스 문서에는 아르플뢰르에 있는 프랑스 함대의 의장 작업과 48개의 철제 볼트를 장착한 철제 대포 및 화약을 만드는 데 필요한 초석과 유황 공급에 대한 내용이 언급되어 있다.

" —— 포위된 자들은 기독교도들에게 쇠 탄환을 발사해 큰 피해를 입혔다.

- 스페인 역사가 후안 데 마리아나Juan de Mariana, 「알헤시라스Algeciras 포위전에 대해」, 1342년

• 사기에 미친 효과

초기의 대포는 거칠게 사각형으로 깎은 재목에 얹혀 적을 향해 놓인 다음 발사되었다. 『데 오피시스 레귬』에 나오는 받침은 예술적 목적으로 왜곡한 것으로 보인다. 이 단계에는 대포가 병사들의 사기에 미치는 효과가 물질적 피해보다 더 중요했다. 에드워드 3세는 칼레 포위전(1346)에서 대포를 사용했으나 도시는 대포가 아니라 기아 때문에 어쩔 수 없이 항복했다.

초창기 대포는 청동이나 종청동(주석 함량이 높은 청동—옮긴이)으로 주조되었으며 포 데페르pots de fer(불의 화병)라고 불렸다. 그러나 이 제조법은 단가가 비쌌고 만들 수 있는 대포의 크기도 제한적이었다. 시간이 지나자 통 제조 기법에 기반을 둔 더 간단하고 저렴한 제작 방법이 개발되었다. 14세기 말엽에는 길게 뽑은 쇳조각을 가로로 겹친 다음 단조로 접합하고 쇠 링으로 묶는 방식으로 대포를 제작했다. 이 제작 방법 때문에 원래 술통이라는 뜻의 '배럴barrel'이 포신을 가리키는 단어가 되었다. 완성된 대포에는 밧줄이나 가죽을 감아 강도를 더했고 녹이 슬 위험도 줄였다.

· 위험한 직업

갓 태어난 포병대는 처음에 교회로부터 마법과 유사한 짓을 한다고 낙인찍혔다. 실제로 당시의 대포는 목표물에도 사용자에게도 위험한 물건이었다. 끔찍한 사고가 자주 일어났다. 훈련받는 포수들은 포 주변에 흩어진 화약을 쿵쿵 밟지 말라는 경고를 들었다. 불안정한 화약이 점화해 폭발할 수 있기 때문이었다. 원정을 고려하는 군주들은 재정적으로 부담스러운 포병대를 창설하기보다 청부업자를 통해 포와 포수를 고용하는 쪽을 택했다.

초창기에는 발사체로 화살을 사용했지만 15세기경에는 철포탄을 사용했고, 나중에 가벼운 돌포탄으로 대체했다. 돌포탄은 더 저렴했고 가벼운 구조물을 부수고 들어갈 수 있었을 뿐 아니라 명중했을 때의 충격으로 부서지면 더 효과적인 인명 살상 무기가 되었다. '사문석 화약

serpentine powder'이라고 알려진 흑색 화약은 15세기 초에 상당히 개선되었다. 이전에는 마차로 덜컹거리며 운반되는 화약통 안에서 화약의 초석과 유황은 바닥으로 가라앉고 더 가벼운 숯은 위로 뜨는 경향이 있었기 때문에 포수가 화약을 사용하기 전에 잘 휘저어야 했다.

• 알갱이 화약

프랑스에서 불안정한 화약의 해결 방안이 등장했다. 바로 '알갱이 화약Corned powder'이었다. 화약의 세 원료를 갈아 물에 적신 다음 섞으면 일종의 '케이크'가 만들어지는데, 이 케이크를 말린 다음 부숴서 체로 쳐 알갱이 크기를 반드시 균일하게 만들어야 했다. 알갱이 화약은

전함 그레이트 미카엘

돛대가 4개 달린 그레이트 미카엘Great Michael 함은 길이 73미터에 폭 10.5미터였다. 떡갈나무로 만든 양현의 두께는 3미터였다고 한다. 배수량은 1,000톤이었으며 탑재 사실 여부가 불분명한 몬즈 메그 외에 플랑드르에서 구입한 대포 24문을 양현에, 바실리스크 포basilisk gun 1문을 함수에, 2문을 함미에 실었으며 그보다 작은 대포 30문도 보유했다. 바실리스크 포라는 이름은 신화에 나오는 불을 뿜는 독사에서 가져왔다. 이 포는 매우 무거운 청동제 대포로 구경이 25.5센티미터(5인치)에 달했고 길이는 대개 3미터였다. 이른바 '엘리자베스 여왕의 포켓 피스톨Queen Elizabeth's Pocket Pistol'은 막시밀리안 황제가 1544년에 아버지 헨리 8세에게 증정한 것으로 7.3미터 길이에 구경 12센티미터(4.75인치)였고 4.5킬로그램 포탄을 약 1,828미터까지 발사할 수 있었다. 그레이트 미카엘의 승조원 수는 300명이었고 병사를 1,000명까지 태울 수 있었다.

대포에 집어넣고 불을 붙이면 즉시 불이 붙었고 서펀틴 화약보다 위력이 세 배나 더 강했다. 발사 후에도 잔여물을 남기지 않고 습기나 흔들림에 강하며 다루기 쉬웠으나 단조로 제작한 대포에 사용하기에는 너무 위력이 강했다. 알갱이 화약이 널리 쓰이려면 주조 대포가 도입된 16세기까지 기다려야 했다.

주조 대포와 알갱이 화약은 쇠로 된 발사체에 새 생명을 부여했다. 돌을 깎아 포탄을 만들려면 공이 많이 들었지만 쇠로 주조 포탄을 만들기는 상대적으로 간단했고 비용도 적게 들었다. 알갱이 화약과 더 튼튼한 대포가 합쳐져 쇠로 된 포탄의 파괴력을 키웠다. 포탄 두 개를 사슬로 연결하면 유용한 대인 병기가 되었다.

• 공성포열

헨리 5세는 1415년 아르플뢰르 포위전에서 대포 12문을 사용했다. 프랑스 왕 샤를 7세는 포병장 장 뷰로Jean Bureau가 지휘하는 가공할 위력의 공성포열siege train, 攻城砲列(말과 소가 원시적 도로를 따라 끄는 대포와 공성포)을 보유했다. 1453년에 포병은 카스티용Castillion 전투에서 잉글랜드군을 격파하는 데 중요한 역할을 했다. 이 전투에서 잉글랜드군 사령관 슈루즈베리 백작 존 탤벗John Talbot은 타고 있던 말이 포탄에 맞아 죽으면서 자신도 전사했다. 오토만 제국도 유럽 전문가들을 고용해 독자적인 공성포열을 개발해 1453년 콘스탄티노플 포위전과 1480

년 로도스섬 포위전에서 사용했다. 콘스탄티노플에서 오토만 제국은 포대 15개에 각기 다른 대포 69문을 배치했다. 포격은 55일이나 걸렸다.

• 몬즈 메그

몬즈 메그Mons Meg는 거대한 사석포bombard, 射石砲인 당시의 '슈퍼 대포'로 지금은 에든버러성Edinburgh castle 성벽에 서 있다. 이 대포는 1449~1453년경 부르고뉴 공작 필립 선량공Phillip the Good을 위해 왈롱Wallon에서 부르고뉴군 포병장 지앙 캄비에Jehan Cambier의 감독하에 주조되었다. 몬즈Mons에서 시험 발사를 해 몬즈라는 이름이 붙었다. 필립은 나중에 공동의 적인 잉글랜드를 괴롭히기 위해 몬즈 메그를 스코틀랜드의 제임스 2세에게 선사했다.

이 사석포는 거대한 구경의 쇠막대들을 링을 이용해 하나로 연결해서 만들었다. 당시 예술의 경지에 이른 대포 제작 기술을 보여주는 몬즈 메그는 길이 4.5미터, 무게 6,967킬로그램, 구경 50센티미터(20인치)였다. 포탄의 무게는 약 180킬로그램이었으나 엄청난 양의 장약 탓에 몬즈 메그는 하루에 열 번만 사격할 수 있었다.

제임스 2세가 이 사석포를 어떻게 사용했는지에 관해서는 이론이 분분하다. 어떤 자료에 따르면 몬즈 메그는 1455년에 '검은' 더글러스Douglas 백작 가문의 본거지인 트리브성Thrieve Castle 포위전에 사용되었다고 한다. 두 달간 지속된 포위전을 끝낸 것은 몬즈 메그가 아니라 뇌물과 더불어 수비대를 안전하게 성 밖으로 내보내주겠다는 보장이었다. 또 다른 주장에 따르면 몬즈 메그는 뉴헤이븐New Heaven에서 건조되어 1512년에 준공된 제임스 4세의 전함 그레이트 미카엘에 탑재되어 포격했다고 한다. 그레이트 미카엘은 그 자체가 인상적인 무기다. 진수 당시 이 배는 유럽에서 가장 큰 함선이었고 맞상대할 만한 잉글랜드 함선인 메리 로즈보다 두 배 더 컸다. 그레이트 미카엘을 건조하느라 파이프Fife 지역의 모든 숲을 벌채했다는 이야기가 전한다.

(Chapter 3)

화약 혁명

해상전

(1509~1697)

해상전투를 위한 함선들

15세기 말엽 오토만 제국, 베네치아 공화국, 합스부르크 제국 등 지중해의 주요 해상세력은 모두 갤리선에 의존했다. 갤리선은 지난 2,000년간 설계가 거의 바뀌지 않은 건현이 낮은 함선으로서 순항할 때는 라틴 돛lateen sail(큰 삼각돛—옮긴이)을, 전투할 때는 죄수나 포로가 젓는 여러 단으로 설치한 노를 사용해 추진했다.

16세기에 들어서 갤리선에는 앞쪽을 바라보는 방향으로 대포가 설치되었다. 즉 목표에 대포를 발사하려면 배 전체가 선회해야 한다는 뜻이었다.

갤리선의 전술은 배에 탑승한 다수의 병사들에게 달려 있었다. 갤리선들이 소이성燒夷性 투사체를 서로에게 발사한 다음 적선에 올라타는 것이 이들의 임무였다. 오스트리아의 돈 후안Don Juan of Austria이 이끄는 기독교도 함대가 서부 그리스의 파트라스만Gulf of Patras 북쪽 해안에서 터키 갤리 함대를 대파한 1571년 레판토Lepanto 해전은 갤리선으로만 싸운 마지막 대규모 해전이었다.

• 해상 요새

해전의 미래는 갤리선이 아닌 캐럭선carrack에 있었다. 캐럭선은 군용으로 채택된 건현이 높은 상선으로, 건현이 낮은 갤리선보다 포격용 플랫폼으로 적합했으며, 16세기 초에 경첩으로 개폐 가능한 포문이 도입된 다음부터는 더 그러했다. 어떤 캐럭선은 도선 전투 전에 포를 발사하는 해상 요새로 발전했다. 헨리 8세의 메리 로즈호처럼 높이 솟은 선수루를 갖춘 갤리언선galleon은 캐럭선에서 진화한 배다. 1509~1510년에 건조된 메리 로즈호는 병사들이 적함으로 건너가기 전에 타격을 입힐 수 있도록 특별히 설계한 선수루를 갖췄다.

처음부터 함선으로 만들어진 초창기 범선 중 하나인 메리 로즈는 하갑판, 중갑판, 상갑판과 선수루, 선미루, 그리고 대포를 장비한 작은 플

바다의 전쟁

월터 롤리 경Sir Walter Raleigh이나 존 호킨스 경Sir John Hawkins, 프랜시스 드레이크 경Sir Francis Drake 들은 대안적 접근법을 택했다. 이들은 함선을 포격만으로 적함을 격침할 수 있는 독립적인 무기체계로 보고 더 효율적으로 돛을 배치한 더 날씬한 배를 선호했다. 이런 배라면 적과의 거리를 원하는 대로 유지하며 싸울 수 있었다. 해상 요새와 날렵한 함선 중 어느 쪽이 유리한지에 대한 논쟁은 1588년 영국이 스페인 무적함대를 격파하면서 종식되었다.

랫폼인 파이팅 탑fighting top을 양 돛대에 설치한 돛대 4개짜리 캐럭선이 었다. 앞 돛대와 주 돛대에는 사각 돛이, 3번 돛대와 4번 돛대에는 라틴 돛이 달렸다. 700톤이라는 배수량은 당시의 부피 단위인 '적재중량톤 tuns burthen'으로 계산한 것이다. 진수 당시 메리 로즈는 대포 43문과 대인 화기 37정으로 무장했다.

프랑스 전쟁에서 활약한 메리 로즈는 1536년에 광범위하게 개장되었는데 이것이 결국 치명적인 결과를 낳은 원인이 되었다. 십중팔구 선수루와 선미루가 높아지고 무장이 늘어났을 것이다. 이 때문에 함의 무게중심이 위험할 정도로 높아졌다. 1545년 7월, 와이트Wight섬 근해의 프랑스군 갤리선과 싸우기 위해 출항하기 직전에 메리 로즈는 병사 300명을 더 태웠고 그 대다수가 무게중심 위쪽인 상갑판에 배치되었다. 7월 19일, 메리 로즈는 700명이 탑승한 상태로 미풍을 받으며 출항했다.

프랑스군과 교전하기 위해 메리 로즈가 솔런트Solent 해협으로 들어가자 강한 바람이 불었다. 한쪽 현의 포를 모두 발사하고 다른 쪽 현의 포를 적에게 가져다 대기 위해 선회하던 메리 로즈는 우현으로 전복했다. 열린 아래쪽 포문으로 바닷물이 엄청나게 들어왔고 메리 로즈는 그대로 바다 밑으로 가라앉았다. 1629년에 스웨덴 전함 바사Vasa가 스톡홀름 항구에서 비슷한 운명을 맞았다.

“ —— 나는 이 배가 현재 기독교 세계에서 가장 고귀한 범선이라고 믿는다.

- 에드워드 하워드Edward Howard 제독, 메리 로즈호의 침몰에 관해

• 소버린 오브 더 시즈

메리 로즈는 해상전투의 중간 단계를 대변하는 함선이다. 17세기 들어 핵심적 위치를 차지한 함선은 전열함ship of the line이다. 전열함이란 대포를 배치한 옆면을 적함 쪽으로 두고 함선들이 일렬로 늘어서는 진형으로 기동할 수 있도록 특별히 설계된 배다.

피니어스 페트Phineas Pett가 설계하고 아들 피터가 건조하여 1637년에 진수한 소버린 오브 더 시즈는 찰스 1세가 보유한 함대의 자랑이었다. 이 배는 건조 비용을 충당하기 위해 부과한 특별세인 '함선세Ship Money'에 쏟아진 엄청난 반대를 뚫고 찰스 1세가 주도해 만든 웅장한 위신의 상징이었다. 소버린 오브 더 시즈Sovereign of the Seas의 건조 비용은

메리 로즈호의 인양

메리 로즈가 1545년에 침몰하자마자 인양을 시도했으나 실패했고, 1982년에야 마거릿 룰Margaret Rule이 이끄는 국제 고고학 팀이 인양했다. 메리 로즈의 인양 복원은 해양고고학의 기념비적 성과였으며, 이때 발견한 많은 유물로 인해 16세기의 해상전부터 이발사-외과의의 도구, 항해도구와 악기의 역사에 이르기까지 다양한 분야를 엿볼 수 있게 되었으며, 유물 다수가 배의 잔해에서 발견되었다.

일반적인 함선의 열 배인 약 6만 6,000파운드에 이르렀다. 안토니 반 다이크Anthony van Dyck가 디자인한 금박을 입힌 조각상으로 함수부터 함미까지 장식했는데, '겉만 번지르르한 싸구려 장식'으로 알려진 이 조각에 건조비만큼의 비용이 들어갔다. 주 무장인 청동 대포 102문(나중에 90문으로 줄었다가 100문으로 늘어남)에 배수량 1,700톤인 소버린 오브 더 시즈는 당시 가장 강력한 무장을 갖춘 함선이 되었다. 이 배는 앞으로 1860년까지 건조된 모든 전열함의 원형이 되었다.

소버린 오브 더 시즈는 함체 전체에 걸쳐 평평하게 설치된 3개 층의 포갑판이 있었고 튀어나온 선수루와 반갑판, 후갑판에 추가로 대포가 배치되었다. 상갑판 포수들의 머리 위에는 무거운 쇠창살을 설치해 떨어지는 파편을 막았다. 이 배의 독특한 돛 배치로 앞 돛대와 주 돛대의 세 번째 가로 돛대topgallant에 달린 꼭대기 돛royal sail과 후미 돛대의 세 번째 가로 돛대를 들 수 있다.

> **" —— 어리석은 짓을 너무 많이 했다. … 무장을 너무 많이 탑재했고 낮은 곳에 있던 포문이 열려 있었으며 거대한 대포를 고정하지 않았기 때문에 선회하자 물이 들어왔고, 배는 갑자기 침몰했다.**
>
> **- 존 러셀John Russell 제독, 메리 로즈의 침몰에 대해**

> **" —— 이 배가 정박할 항구는 이 왕국에 없다. 거친 바다가 이 배의 항구이**

며 닻과 삭구가 이 배의 안전이다. 둘 중 하나라도 잘못되면 이 배는 사라진다. 왕은 보석을 잃고, 대귀족 일부를 포함해 400~500명이 죽게 될 것이다."

- 트리니티 하우스 형제단 Brethren of Trinity House

처음에는 잉글랜드를, 1649~1660년에는 아일랜드와 스코틀랜드를 지배한 크롬웰의 코먼웰스 시절에 소버린 오브 더 시즈는 코먼웰스Commonwealth로 이름이 바뀌었다가 다시 소버린으로 변경되었다. 1651년에 피터 페트가 다시 개장하면서 소버린의 선수루와 상부 구조물의 높이가 낮아져 항해 능력이 더 좋아졌다. 소버린은 코먼웰스가 치른 전쟁 내내 활약했고 로버트 블레이크Robert Blake 제독의 기함이 되었다. 제1차 영국-네덜란드 전쟁(1652~1654)에서 네덜란드 의회는 화공선으로 소버린을 파괴하는 데 3,000길더의 포상금을 걸었다. 소버린은 켄티시 노크Kentish Knock 해전(1652)에서 좌초되고 영국과 네덜란드 사이에 치열한 전쟁이 벌어지는 동안 여러 번 함장이 바뀌었다.

1660년에 영국에서 왕정이 복고되자 소버린은 로열 소버린Royal Sovereign으로 이름이 바뀌고 1658년에 대대적인 개장 작업을 거쳐 프랑스의 루이 14세에 대항한 9년 전쟁(1688~1697)에서 활약했다. 로열 소버린은 수리를 받으러 채텀Chatham에 들어와 있다가 1697년 1월 27일에 쓰러진 촛불이 원인으로 추정된 화재로 인해 손실되었다. 화재는 폭발성 화약과 함께 목조 선박의 가장 큰 위험 요소였다. 1512년에 브레스트 연안에서 영국 함선 리전트Regent는 프랑스 함선 마리라코르들리에르Marie la Cordelière와 근거리에서 전투하다가 적함의 탄약고가 폭발하면서 함께 전소했다.

보방 혁명

(1539~1808)

군사공학의 아버지, 보방

영국 내전(1642~1651) 동안에는 상당수의 성이 포위전에서 함락되지 않았다. 그러나 노출된 험한 바위나 호수 한가운데처럼 접근할 수 없는 위치에 있는 게 아니라면 중세시대 성은 근대적 포병을 동원한 포위전에서 살아남을 수 없었다. 마찬가지로 성을 지키는 대포도 공성탑과 파성추를 비롯한 중세의 각종 공성 도구를 상대적으로 손쉽게 상대할 수 있었다. 화약의 도입으로 저항할 수 없는 힘인 공성기술과 움직이지 않는 목표물인 방어시설 사이의 경쟁이 확대되었다. 답은 보방이 가지고 있었다.

요새 건설자들은 화력을 이용해 접근하는 적을 일소할 전투용 흉벽과 총안만 지상에 두고 방어시설 대부분을 지하에 짓는 편을 선호했다. 프랑스나 스페인의 침공을 두려워하던 헨리 8세는 1539년에 잉글랜드 남해안에 포대를 갖춘 요새를 줄지어 건설했다. 이것은 앨프레드 대왕 시절 이래 가장 큰 규모의 방위 프로그램이었다. 헨리 8세는 본인이 설계를 승인하고 수정할 정도로 이 프로그램에 깊은 관심을 쏟았다.

헨리 8세의 이른바 '장치 요새Device Forts'는 어느 정도 상호 지원이 가능한 곳에 위치했으며 원형 능보bastion, 稜堡는 각진 탑보다 포탄에 강했으나 요새의 육지 쪽 접근로에 공격군이 이용할 수 있는 사각 지역이 있었다.

유럽에서 등장한 신종 설계가 이 난제에 해답을 제시했다. 적이 어느 각도로 다가와도 상호 지원이 가능하도록 배치된 쐐기 모양의 능보였다. 여기에서 이른바 '별 모양 시스템star system'이 진화했다. 능보를 외벽으로 연결해 별 모양을 이룬 설계여서 붙은 이름이다. 이 요새의 영구 방어시설은 바깥쪽부터 경사면sloped glacis, 해자 외안벽counterscarp, 해자ditch, 해자 내안벽scarp, 방벽rampart으로 구성되었다. 여기에 입구와 외벽의 취약한 부분을 보호하기 위해 V형 보루ravelin와 외부 방어시설들을 추가했다. 또 독자적인 경사면, 해자 외안벽, 해자와 해자 내안벽을 추가로 설치하여 요새의 구조가 더욱 복잡해졌으나 대부분이 공격군의 눈에는 보이지 않았다. 흉벽은 포탄의 위력을 흡수하고 파편의 효과를 줄이기 위해 흙으로 두껍게 덮었다.

요새 건설의 혁명은 공격자들에게 큰 문제를 불러일으켰다. 해자가 말라 있으면 그 자체로 엄청난 공사이기는 했으나 밑으로 갱도 굴착을 시도할 수 있었다. 하지만 해자 외안벽의 기초 아래를 판 후 해자 밑으로 갱도를 파고 들어가면 또다시 해자 내안벽과 씨름해야 했다. 여기까지 도달해 폭약을 설치하고 점화해도 돌을 둘러친 토루가 폭발력을 흡수했다. 성공하려면 가장 약한 연결고리로 판단된 곳에서 약 550미터

거리를 두고 집중 포격을 한 다음 그곳을 향해 호를 파는 것이 제일 유망했다. 공격군은 소위 제1 평행호라고 불리는 참호를 파서 포대들을 연결한다. 여기에서부터 전방을 향해 지그재그로 참호를 파서 적 방어선 앞 275미터에서 제2 평행호를 만든다. 이런 작업을 한 번 더 해서 방어군과 머스킷 총으로 교전할 수 있는 거리에 제3 평행호를 구축한다. 방어군이 충분히 주눅 들고 방벽을 뚫는 데 성공한다면, 항복을 받아들이거나 돌격을 시도한다.

• 보방

세바스티앵 르 프르스트르 마르키스 드 보방Sébastien Le Prestre Marquise de Vauban(1633~1707), 흔히 보방으로 알려진 이 인물은 프랑스군 원수이자 당대 최고의 공병 전문가로 공성 기술자이자 요새 설계자로 유명했다. 소귀족의 아들인 보방은 열 살 때 고아가 되어 세뮈르Semur의

헨리 8세의 요새, 세인트 모스

콘월Cornwall의 세인트 모스St. Mawes성은 헨리 8세의 건축가들이 사용한 기법을 잘 보여주는 사례다. 중앙에 있는 탑이 거대한 3개의 원형 능보를 내려다보는 구조인 이 성은 위에서 보면 클로버잎처럼 보인다. 층마다 대포를 배치해 중요 정박지인 캐릭 로즈Carrick Roads로 가는 접근로를 방어했으나 바다 쪽 방어시설이 육지 쪽보다 부실했고, 결국 영국 내전 중인 1646년에 싸우지도 않고 항복했다.

카르멜 수도회에서 교육을 받았다. 그 덕에 보방은 과학, 수학, 기하학에 대한 기초교육을 확실하게 받았는데 이는 미래의 프랑스군 원수가 군사 공학자로서 경력을 쌓는 데 큰 도움이 되었다.

보방은 1655년에 공병장교로 임관해 1657년 몽메디Montmédy에서 첫 포위전을 지휘했고, 1667년에 스페인과 치른 전쟁에서 두에Douai, 투르네Tournai, 릴Lille을 포위 공략해 이름을 날렸다. 1668년에 릴 지사로 임명된 보방은 3년 만에 이 도시를 북프랑스 방어의 주춧돌로 탈바꿈시켰다.

1670년대 말, 보방은 포위전의 교리를 체계화했다. 연달아 평행참호를 파서 적 요새에 신중하게 접근하는 방식은 1673년 마스트리히트 포

포위의 언어

포위의 신기원은 새로운 기술 용어를 낳았다. 둑턱banquette은 방어 흉벽 뒤의 사격용 계단이며 능보bastion는 주 방어선을 형성하는 앞면과 뒷면, 양 측면을 갖춘 구조물이다. 포곽casemate은 방벽 안에 있는 천정이 둥근 방으로, 여기에 대포를 설치할 수 있는 장소artillery port가 있다. 해자 외안벽counterscarp은 방어용 해자의 바깥쪽 안벽이며 외벽curtain은 능보를 잇는 방벽이다. 해자ditch는 방벽 앞에 길게 판 구덩이로 물이 차 있거나 말라 있다. 공극embrasure, 空隙은 흉벽 사이에 난 공간으로 여기에서 대포를 발사한다. 경사면glacis은 해자의 적이 접한 쪽으로 난 매끈한 경사면이다. 배장parados, 背墻은 방어진지 뒤의 방호벽으로서 뒤에서 날아오는 적의 포화로부터 진지를 보호한다. 방벽rampart은 흙 또는 돌로 만든 두꺼운 벽으로 주 방어선을 형성한다. V형 보루ravelin는 외벽 뒤의 구조물로 두 면이 만나 V모양 돌출부를 이루며 뒤쪽은 해자 외안벽으로 막혀 있다. 이 보루는 문과 능보의 측면을 지키는 데 사용되었다. 해자 내안벽은 해자의 안쪽 벽으로 방벽으로 이어진다.

위전에서 보방이 도입한 것이다. 수비 병력이 충실했던 마스트리히트는 13일 만에 함락되었고 이 전투는 19세기 말까지 모든 포위전이 따라야 할 모범으로 남았다. 보방 최고의 작품은 프랑스 북부 국경을 지키는 이중 요새선인 프레 카레Pré Carré였다. 1692년 나무르Namur 포위전에서 보방은 도탄 사격법ricochet firing, 跳彈射擊法을 완성했다. 이 사격법으로 사격한 직사포탄, 곡사포탄, 간혹 공성포탄은 바깥쪽 흉벽을 지나쳐 방어벽 안쪽에 부딪혀 사방으로 튕겨 나가며 방어 진영을 아수라장으로 만들었다.

보방의 마지막 포위전인 1703년 브라이자흐Breisach 포위전에서 그는 이 도시를 2주 만에 함락했다. 1703년 프랑스군 원수로 임명되자 보방은 사실상 현역에서 은퇴했다. 보방은 100개 이상의 요새를 짓고 약 마흔 번의 공성전을 수행했는데, 그중 다수가 자신이 설계한 거점에 대한 공격이었다. 공격과 방어 면에서 보방의 시스템은 너무나 정확해 배치된 포의 종류와 수량, 포위된 요새의 구조를 알면 적이 얼마나 오래 저항할지 상당히 정확히 예측할 수 있었다.

포병의 시대

(1500~1699)

전장을 지배하게 된 아쿼버스와 머스킷

1500년에 대부분의 군대에서 보병은 창병, 궁수와 미늘창병으로 구성되었다. 미늘창병은 도끼가 달린 창날에 간혹 적을 대열에서 끌어내는 데 쓰는 갈고리가 달린 1.8미터짜리 창으로 무장했다. 대포의 출현이 아직 전장을 바꿔놓지는 않았지만 아쿼버스arquebus라는 또 다른 무기가 영향을 미치고 있었다.

· 아쿼버스와 머스킷 총

흔히 요새 벽에 설치되었던 경량 인명 살상용 화기에서 발달한 아쿼버스는 보병이 오른팔 밑에 끼워 넣고 땅에 박은 거치대에 의지해 발사하는 무기였다. 곧 더 작은 변종이 생산되어 끝을 가슴에 대고 양손으로 잡을 수 있게 되었다. 참호나 방책 뒤에 배치되어 창병과 미늘창병의 보호를 받는 아쿼버스병은 체리뇰라Cerignola 전투(1503)에서 유효성을 증명했다. 이 전투는 화약 기반 화기로 승리한 첫 전투였다.

미늘창병과 궁수는 점점 존재감이 희미해졌다. 1695년 잉글랜드 왕실 조병창은 앞으로 잉글랜드 훈련대(민병대)의 무기를 장궁에서 화기로 대체한다고 포고했다. 아퀴버스의 정확도는 제한적이었으나 단거리에서는 갑옷을 관통할 수 있었고 큰 총알 한 발 대신 산탄을 발사하면 여러 군데 상처를 입힐 수 있었다. 아퀴버스병은 석궁으로 무장한 궁수보다 더 빨리 사격할 수 있었으며, 훈련하는 데 걸리는 시간도 숙달된 장궁수를 길러내는 데 비하면 극히 짧았다. 아퀴버스병의 등장으로 훈련 정도가 낮은 경장갑 보병의 전투력이 향상되었고 궁수가 도태되기 시작했다.

> **전술한 병기감실**Master of ordnance**의 직무는 다음과 같다. 부하들이 쓸 탄약을 부족하게 받은 지휘관이 있으면 그 지휘관은 병기감실에 와서 사무원에게 부족한 탄약을 보급해 달라고 해야 한다.**
>
> - 1578년의 군사 관련 문서

아퀴버스에는 단점도 많았다. 비를 많이 맞으면 화약을 못 쓰게 될 수도 있었고 오발 사고가 자주 일어났다. 전투의 혼란 속에서 아퀴버스는 적에게만큼이나 사수와 그 주변 사람들에게도 위험할 수 있었다. 이 총은 과열되고 폭발하는 경향이 있었으며 반동이 심했다. 불붙은 화승match 때문에 아퀴버스병은 숨을 수가 없었고 어깨에 멘 탄입대에 휴대한 가죽 혹은 주석제 화약통에 담긴 화약에 불이 붙을 수도 있었다.

아쿼버스에서 발전한 머스킷musket은 처음에는 무게가 11.5킬로그램으로 무거웠기 때문에 거치대가 필요했으나 어깨에 견착해 사격할 수 있었다. 아쿼버스병과 머스킷병은 10열로 사격했다. 머스킷의 발사 속도는 고통스러울 정도로 느렸다. 재장전 훈련에 18단계가 필요했고 두 발을 발사하는 데 7분 정도 걸렸다. 첫 줄의 병사들이 총을 발사한 후 재장전을 하러 뒷줄로 이동했고, 이렇게 순차적으로 한 줄씩 앞으로 나가 사격했다. 머스킷병들은 이런 방법으로 좁은 정면에서 느리게나마 일정한 사격 속도를 유지했다.

머스킷의 첫 격발장치는 매치락matchlock이었다. 매치락을 쓰는 머스킷은 서서히 타는 화승을 화약 접시priming pan에 넣어야 발사되었다. 1539년에 도입된 휠락wheellock은 처음으로 자체 점화가 가능한 장치였다. 이제 거추장스러운 화승 없이 공이를 당긴 상태로 휴대하며 언제든지 총을 발사할 수 있게 되었다. 17세기 말에 휠락은 세 번째로 등장한 격발장치인 플린트락flintlock으로 대체되었다. 플린트락은 부싯돌을 문 스프링 작동식 공이를 사용했다. 이 장치는 방아쇠를 당기면 부싯돌이 화약 접시에 불똥을 일으켜 작동하는 구조였다. 영국군은 그 뒤로 150년간 플린트락식 소총을 사용했다.

그때쯤 머스킷의 무게는 5킬로그램으로 줄어서 사수는 거치대 없이 어깨에 견착하고 사격할 수 있었다. 구스타부스 아돌푸스는 '고정' 카트리지'fixed' cartridge(사전에 지정된 양의 화약과 탄환을 담은 봉지—옮긴이)를 도입해 발사 속도를 늘리고 머스킷병 진형에서 횡열橫列의 수를 10개에서 6개로 줄였다. 머스킷병 진형은 3개 열씩 일제 집중사격을 했는데 첫 열은 무릎을 꿇고, 두 번째 열은 쪼그리고, 세 번째 열은 똑바로 선 채 사격했다. 교대로 사격할 수 있는 3개 열이 그 뒤에 있었기 때문에 달성 가능한 사격 방식이었다. 일제사격을 마친 머스킷병들은 돌격하는 창병의 보호를 받았다. 구스타부스 아돌푸스는 보병 중대를 머스킷병 72명과 창병 54명으로 개편했다. 1개 대대는 4개 중대로 구성되었고 8개 대대가 1개 연대를, 2~4개 연대가 1개 여단을 이뤘다.

> **"—— 중립이 도대체 뭐요? 내 이해를 뛰어넘는구려.**
>
> **- 구스타부스 아돌푸스, 1630년**

기병 전술도 근본적으로 개편되었다. 지난 100년간 기병은 빽빽이 들어찬 5.5미터의 창과 머스킷, 아퀴버스의 화력에 막혀 보병에 충격을 가하는 전통적인 역할을 할 수 없었다. 기병의 전투는 걷거나 잘해야 종종걸음을 치는 말에 올라타 휠락 권총으로 벌이는 교전으로 전락했다. 이른바 카라콜caracole이라고 불린 기병 전술에서는 선도 기병이 화기로 사격한 후 말을 달려 후방으로 이동해 재장전한 다음 교대로 사격했다. 적 기병에 대해서도 같은 전술을 사용했다. 구스타부스는 기병대가 칼을 들고 나란히 적에게 돌격하도록 훈련했다. 구스타부스의 기병

구스타부스 아돌푸스

1630년대 30년 전쟁 시기(1618~1648)에 스웨덴 왕 구스타부스 아돌푸스는 전쟁의 기술을 혁명적으로 바꿔놓았다. 그는 융통성 있는 새로운 전술을 도입해 보병과 포병의 화력을 배가했으며 정기적 급료 지급과 위생, 사기 진작을 위한 제복 표준화를 비롯해 병사들의 복지도 신경 썼다. 군대에는 독자적인 군목이 있었으며 병사 개개인은 기도서를 지급받았다. 채찍질 형벌은 없었으나 태형 달리기(벌 받는 사람이 양쪽으로 줄선 병사들 사이를 지나가는 동안 병사들이 곤봉이나 채찍 등으로 때리는 형벌)의 원형인 가틀롭gatlopp(집단 태형) 같은 가혹한 벌이 있었다.
구스타부스 아돌푸스의 창의적인 보병, 기병, 병참 그리고 무엇보다 포병의 통합은 그에게 '현대 전쟁의 아버지'라는 칭호를 선사했다. 거추장스러운 대포에 발목 잡히기를 거부한 왕은 일련의 시험을 시행한 끝에 더 작고 더 기동성이 좋은 대포를 채택했다. 전쟁 역사에 처음으로 등장한 경량 야포였다. 각 여단에는 연대포 12문이 배속되었다. 머스킷과 대형 고정식 대포 사이의 간극을 메꾸기 위해 구스타부스는 '가죽 대포'를 개발했다. 얇은 구리로 만든 튜브를 굵은 로프로 강화하고 바깥쪽을 가죽으로 쌌다. 반대로 가죽띠로 묶은 다음에 로프를 감기도 했다.
가죽 대포는 가볍고 기동성이 매우 좋았으나 심각한 설계 문제가 있었다. 보강재가 단열재 기능까지 하는 바람에 열이 금방 사라지지 않았다. 몇 발만 쏘면 포가 벌겋게 달아 올랐다. 스웨덴군은 가죽 대포를 포기하고 더 성공적인 결과를 거둔 3파운드 연대포로 대체했다. 고정 포도탄(주머니로 포장한 여러 개의 작은 탄으로 구성된 인명 살상용 탄—옮긴이)이나 산탄을 발사하고, 말 한 마리 또는 3명이 견인한 이 대포는 당대의 머스킷보다 발사 속도와 사정거리가 세 배에 달했다. 스웨덴이 군사강국으로 등장한 때가 바로 이 시기다.

연대는 머스킷 총병 1개 중대와 경량 야포를 지원받았으며, 이는 나중에 '제병합동전'으로 알려지게 될 전투를 예고했다.

화력과 급습

(1642~1918)

제병통합 전투의 달인 말버러 공작

중세전부터 기계화 이전의 근대전까지 이어진 길고 고통스러운 이행 과정은 위대한 군인인 말버러 공작 존 처칠John Churchill, Duke of Marlborough(1650~1722)의 생애와 겹친다. 보병과 포병에게 있어 전장 지배의 열쇠는 화력이었다. 기병대는 선구자 구스타부스 아돌푸스가 회복한 급습 역할 덕분에 중요한 돌파 무기가 되었다.

말버러 공작이 기틀을 잡은 유연한 군사적 환경으로 인해 지휘관들은 보병, 포병과 기병을 지형과 지휘관의 의도에 맞추어 배치할 수 있게 되었다. 앞으로 150년간 지속될 패턴이 수립된 것이다. 스페인 왕위계승 전쟁(1701~1714)의 참전용사가 갑자기 크림전쟁Crimean War의 알마Alma 전투(1854)로 시간 이동을 한다 해도 19세기 포병의 기동력을 제외하면 주변에서 벌어지는 상황을 완벽하게 이해할 수 있을 것이다. 참전용사는 블레넘Blenheim 전투(1704)에서 말버러 공작의 군대가 사용한 이래 거의 바뀌지 않은 머스킷을 들고 전열에서 자신의 위치를 잡을 수 있을 것이다.

1701년에 스페인 왕위계승 전쟁이 발발하자 영국 왕 윌리엄 3세는 처칠을 영국-네덜란드 연합군의 최고사령관으로 임명했다. 1702년 왕위에 오른 앤 여왕은 처칠의 병기총장master general of ordnance 직위에 총대장captain general 직위를 더하고 그를 말버러 공작에 봉했다. 말버러 공작은 뛰어난 전략가이자 전술의 달인이었다. 그는 기병의 돌격 속도를 속보good round trot에서 구보canter로 바꿨다. 이것은 아직 카라콜 전술을 버리지 못한 프랑스군에게 특히 효과적이었다. 그는 포병 배치에 엄청난 노력을 들였으며, 중요한 구역에 대포를 집중 배치하거나, 총진격 중에 대포를 전방으로 보내 근접 지원을 제공했다. 자신이 지휘하는 병사 대부분이 대안이 없어 전장에 있다는 사실을 깨달은 말버러는 병사들의 복지를 담당하는 장교들을 임명했다. 그는 적의 약점을 간파하는 날카로운 눈으로 블레넘(1704), 라미이Ramillies(1706), 아우더나르더Oudenaarde(1708)의 대승을 이끌었다. 1711년, 이런 능력을 바탕으로 그는 무시무시한 네 플뤼 울트라Ne Plus Ultra 방어선을 돌파할 수 있었다.

“ 그는 이기지 못한 전투를 한 적이 없었고 빼앗지 못한 요새를 공략한 적이 없었다. … 그는 한 번도 지지 않고 전쟁을 끝냈다.”

- 윈스턴 처칠, 『말버러, 그의 삶과 시대Marlborough, His Life and Times』(1권) 1933년 조상인 말버러 공작에 관해

이 방어선은 북프랑스의 영불해협 해안에서 아르덴Ardennes의 나무르Namur까지 뻗은 거대한 요새선으로 말버러가 자유롭게 기동하는 데 큰 장애가 되었다. 말버러는 우선 방어선 북쪽 끝의 작은 아를뢰Arleux 요새를 탈취했다. 그러나 네 플뤼 울트라 방어선의 다른 요새에서 재빨리 기습 반격에 나선 프랑스군이 아를뢰 요새를 탈환해 말버러를 놀라게 했다. 말버러는 아라스Arras 근처의 방어선에서 속임수 공격을 벌인 다음 방어선을 우회 통과해 병력 3만 명으로 부샹Bouchain 요새를 포위하는 기동으로 응수했다. 프랑스군은 거듭 포위를 풀려고 했으나 실패했고 부샹 요새는 9월 13일에 함락되었다. 이것이 말버러의 마지막 원정이었다. 그의 지도하에 영국 육군은 아쟁쿠르 전투 이래 타의 추종을 불허하는 위상을 획득했다.

“ —— 가장 수치스럽고 굴욕적이며 재난과도 같은 궤주.

- 빌라르Villars 원수, 1706년 라미이 전투에서 말버러에게 패배한 후

• 척탄병

말버러 공작이 군 경력을 시작했을 때 마침 새로운 종류의 보병인 척탄병이 전장에 나타나기 시작했다. 손으로 던지는 작은 폭탄인 수류탄grenade은 중국의 명明왕조(1368~1644)에서 기원하지만, 영국에서는 영국 내전(1642~1651) 시기의 무기 목록에 처음으로 등장한다. 1660

년대에 척탄병은 프랑스왕 루이 14세의 군대에서 보병의 한 종류로 인정됐다.

처음에 수류탄은 속에 화약을 채우고 화승으로 점화하는 크리켓 공 크기의 철제 공이었다. 척탄병은 키가 크고 강건해야 하며 자신이나 동료들이 다치지 않도록 수류탄을 멀리 던질 수 있어야 했다. 이들은 최선두에 서서 전투에 임하며 도화선에 불을 붙이고, 적이 다시 던질 수 없도록 적절한 타이밍에 수류탄을 던져야 했기 때문에 엄정한 기율을 따라야 했다. 도화선은 신뢰성이 없기로 악명이 높아서, 1860년대까지 육군 교범은 수류탄에 불을 붙인 후 너무 오래 쥐고 있지 말라고 경고했다.

> **말버러 공작이 선두에서 지휘하는 영국 군대보다 더 위대한 군대는 생각할 수 없다.**
>
> **- 웰링턴 공작**

17세기 후기 보병의 상징인 챙 넓은 삼각모는 팔을 휘두르는 데 방해가 되었으므로 척탄병은 처음부터 챙 없는 모자를 채택했다. 1700년경의 표준적인 척탄병은 연대 표식 또는 왕 이름의 첫 글자를 수놓은 천을 붙인 주교 모자와 비슷한 형태의 모자를 썼다.

18세기에 들어 전열보병의 전술이 발달하고 플린트락 기술의 효율성이 증대하면서 수류탄의 사용 빈도는 점점 줄어들 수밖에 없었다. 하지만 선발 기준인 체구와 용기 때문에 척탄병 부대는 엘리트 보병부대로서 중요한 위상을 유지했다. 영국 보병연대의 8개 중대 중 1개 중대는 언제나 척탄병 중대였다. 워털루Waterloo 전투(1815)에서 나폴레옹 근위대를 격파한 공을 인정받아 제1 보병 근위대the 1st Foot Guards는 척탄병 근위대Grenadier Guards로 이름이 바뀌었다. 이 부대는 지금도 보병 근위대 중 최선임 부대다.

수류탄, 1900~1945

수류탄은 공성전에서 방어측이 자주 이용했으나 19세기 말에는 거의 사용되지 않다가 1904~1905년 러일전쟁에서 부활했다. 이 전쟁에서 일본군이 벌인 뤼순旅順항 포위전은 1914년부터 1918년까지 서부전선을 마비시킨 참호전의 전조였다. 참호전은 여러 면에서 또 다른 형태의 공성전이었다. 처음에는 연합군이나 독일군이나 효과적인 수류탄을 보유하지 못했다. 46센티미터 막대기에 달린 철 주물제 통 모양인 영국의 1호 수류탄은 투척하다 참호를 넘어가지 못하는 사고가 자주 일어나 수류탄을 던진 사람이 죽는 경우가 많았다.

3개 모델이 전투의 시련을 견디고 살아남았는데, 영국의 밀스Mills 수류탄, 프랑스의 '파인애플' 수류탄, 독일의 '감자으깨기' 수류탄이다. 파인애플형 충격식 수류탄의 일종인 밀스 수류탄은 달걀형 주물제 외피에 스프링식 격침이 한가운데에 있었으며 안전핀으로 잠근 스프링식 레버를 갖췄다. 이 수류탄은 레버를 손가락으로 꽉 쥐고 안전핀을 제거한 다음 투척했는데, 폭발하면 금속 파편을 뿌려 적을 무력화했고 나중에는 소총으로 발사하는 버전도 나왔다. 독일군의 '감자으깨기' 또는 막대 수류탄은 25센티미터 길이의 목제 손잡이 앞에 금속제 탄체가 달렸다. 목제 손잡이 안의 줄을 당기면 마찰 점화기와 시한신관이 점화되었다. 감자으깨기 수류탄은 1945년까지 거의 바뀌지 않고 일선에서 사용되었다.

(Chapter 4)

근대전의 탄생

20 · Brown Bess

브라운 베스 소총

(1647~1853)

처음으로 대량 생산된 소총

스페인 왕위계승 전쟁의 말플라케Malplaquet 전투(1709)부터 나폴레옹 전쟁의 막을 내린 워털루 전투(1815)까지 100여 년이 지났지만 유럽 강대국들이 사용하는 무기는 거의 바뀌지 않았다. 그동안 주요 보병화기는 활강식 머스킷 또는 '파이어락firelock' 보병총이었다. 영국군이 사용한 소총은 '브라운 베스'라고 불렸다.

이 기간에 영국 제국은 급격히 세력을 넓혔다. 18세기 말, 영국은 북아메리카와 인도의 지배자가 되었고 1780년에는 북아메리카 식민지를 잃었으나 아프리카, 아시아, 태평양 지역으로 관심을 돌렸다. 1815년에 나폴레옹이 패하자 영국은 거의 19세기 내내 전 세계적으로 초강국의 지위를 누렸다. 유럽 해안의 작은 섬나라가 세계적 강대국으로 변모한 데는 크고 작은 여러 요인의 결합이 한몫했다. 그 가운데는 영국의 산업혁명과 농업혁명, 영국 해군의 전 세계적 세력 확장, 영국 육군의 강인함이 있었다. 후자의 상징은 주력 보병 화기인 활강식 랜드 패턴Land Pattern 머스킷 플린트락 또는 '브라운 베스' 소총이었다.

• 플린트락 머스킷

'브라운 베스'라는 이름의 기원은 분명치 않지만 이 머스킷은 1722년에 설계되어 그 뒤로 100년 이상 생산되었다. 이 전장식 소총은 납탄과 화약을 넣은 카트리지를 썼으며 플린트락 기구로 점화했다. 방아쇠를 당기면 부싯돌이 튀긴 불똥이 총신의 터치홀touch hole을 통해 장약으로 갔다.

워털루 전투(1815)에서 브라운 베스 소총은 영국의 표준 보병 병기였으며 229미터 거리에서 28그램(1온스)짜리 탄환을 1분에 최대 4발까지 발사했다. 다만 목표물을 정확히 명중시키려면 91미터 이내에서만 사격해야 했다. 18세기와 19세기 초의 전장에서는 정확한 조준 실력이 필요하지 않았다. 밀집대형으로 이동하는 병사들은 적의 머스킷 일제사격에 대형 과녁이나 다름없었기 때문이다. 한 병사가 쏜 총에서 쏟아져 나온 불똥이 장전 중인 다른 병사의 화약에 옮겨붙지 않게 하려면 일제사격이 필요했다.

"—— 주름 잡힌 레이스와 가발, 양단洋緞의 시대에 브라운 베스는 누구도 경멸할 수 없는 파트너였다오. 목소리가 크고 부싯돌 입술에 황동

얼굴을 한 옥 같은 아가씨랍니다. 블레넘과 라미이에서 똑바로 눈을 쳐다보는 습관이 있는 남정네들은 브라운 베스 양의 매력에 가슴까지 뚫렸다고 고백한다오.

- 러디어드 키플링Rudyard Kipling, 『브라운 베스』, 1911년

" **제가 그 문제에 대해 뭔가 아는 게 있다면 교수형에 처해질 겁니다. 저는 온종일 진흙탕에서 구르며 말 탄 놈들한테 밟히고 있었거든요.**

- 어떤 영국군 보병, 워털루 전투를 회상하며

머스킷 탄의 느린 속력 때문에 병사들은 심각한 부상을 입고도 제자

아이언 듀크

머스킷 시대의 가장 위대한 영국 보병 지휘관은 웰링턴 공작Duke of Wellington 아서 웰즐리Arthur Wellesley(1769~1852), 일명 '아이언 듀크Iron Duke'다. 웰즐리는 1787년에 영국 육군에 입대해 제2차 영국-마라타 전쟁Anglo-Maratha War(1803~1805)에서 명성을 얻었고 이 때문에 나폴레옹은 그를 '세포이Sepoy(영국 동인도 회사가 인도 현지에서 고용한 용병—옮긴이) 장군'이라고 폄하하기도 했다. 1809~1814년에 웰링턴 공작은 포르투갈과 스페인에서 나폴레옹 휘하의 원수들을 물리치고 반도전쟁Penninsula War을 승리로 종결지었다. 스페인 전역에서 그는 전투 초기 단계에 사상자를 최소화하기 위해 보병을 반대 사면에 배치했다. 지형지물을 본능적으로 파악할 줄 아는 지휘관인 '세포이 장군'은 동맹군을 지휘해 워털루 전투(1815)의 방어전에서 훌륭하게 싸웠다. 이 전투로 군인으로서 나폴레옹의 삶은 종말을 맞았다. 웰링턴은 자기 수하에서 싸우는 병사들을 경멸했고 이런 유명한 말을 남기기도 했다. "세상에서 가장 형편없는 작자들 … 술을 마시기 위해 입대한 자들." 그러나 "개별 품목", 즉 전사로서의 영국 병사들은 높이 평가했다.

총검

1800년대 초의 소총연대는 도검 형태의 총검을 갖췄다. 총검bayonet이라는 이름은 원산지로 추정되는 프랑스의 바욘Bayonne에서 유래한다. 프랑스 육군은 1647년에 총검을 도입했는데 이 때는 머스킷의 총구에 끼워 넣는 끼우기 총검plug bayonet 형태였다. 이 형태의 단점은 명백했다. 그 후 구멍이 뚫리고 속이 빈 덮개에 구부러진 날이 부착된 형태로 머스킷의 총구에 끼우는 소켓 총검socket bayonet이 나왔다. 이렇게 하면 총검을 부착한 채 장전하고 발사할 수 있었다. 총검을 부착하고 단단한 방진을 짠 보병은 워털루에서 그랬듯 기병 돌격을 물리칠 수 있었다. 총검에 찔려 내장이 흘러나오는 상황을 원치 않은 것은 사람이나 말이나 똑같았다. 노병들은 총검 돌격에 대해 자랑스럽게 이야기할지 모르나, 기꺼이 총검 백병전을 한 병사는 거의 없었다. 1801년 이집트에서 영국군과 프랑스군 병사들은 탄약이 떨어지자 총검으로 싸우기보다 돌을 던지며 싸우는 편을 택했다.

리에 서 있을 수 있었으며, 전우들과 대화하는 동안 상처에서 끔찍하게 피가 왈칵 솟구치곤 했다. 워털루에서 스코츠 그레이 기병대 소속의 한 중위는 이렇게 말했다. "탄환이 내 입술 근처를 지나가는 것을 느낀 순간, 내 앞에 선 근위 용기병의 뺨이 총탄으로 구멍나버리는 장면을 목격했다."

경보병은 강선이 파인 머스킷인 베이커 소총Baker rifle을 휴대했다. 이 소총의 발사속도는 1분에 1발이었다. 주전선이나 감제고지의 은폐된 곳에 있으면서 적을 저격하며 소규모 접전을 벌이던 소총군단rifle corps(1800년에 창설)이 베이커 소총을 사용했다. 뛰어난 사수가 사용하면 명중률이 대단히 높았다. 제95소총연대의 토머스 플렁킷Thomas Plunkett

소총병은 반도전쟁 기간인 1809년에 빌라프란카Villafranca에서 프랑스 군의 콜베르-샤바네Colbert-Chabanais 장군과 부하 한 사람을 베이커 소총으로 장거리(300미터)에서 저격했다.

• 퍼커션 캡

플린트락 장치는 민간용과 군용 총기에 200년 이상 사용되다가 1807년에 알렉산드로스 존 포사이스Alexander John Forsyth 목사가 퍼커션 캡Percussion cap을 발명한 후 퇴출되었다. 때리면 불꽃이 일어나고 방수가 되는 구리제 뇌관인 퍼커션 캡은 플린트락의 부싯돌과 화약 접시를 대체했으며, 특히 축축한 날씨에 불발되는 경향이 있고 오발이 자주 일어나던 플린트락에 비해 믿을 만했다.

모델 1840 머스킷은 미 육군을 위해 생산된 최후의 플린트락 화기이지만, 남북전쟁 기간에도 구식 머스킷이 사용되었다. 1842년에 생산된 영국 최후의 플린트락 소총은 1853년 크림전쟁이 발발할 때까지 일

플린트락의 유산

군용 총기 분야에서 긴 생애를 누린 플린트락은 영어에 다음과 같은 관용구를 남겼다. '락 스탁 앤드 배럴lock stock and barrel(이것저것, 모든 것),' '플래시 인 더 팬flash in the pan(계획이 용두사미가 되다)', '고잉 오프 앳 하프 칵going off at half cock(조급하게 굴다)' 등이 있는데, 마지막 표현은 사고성 조기 격발을 가리킨다.

선 부대에서 사용되다가 P53 엔필드 강선 머스킷과 미니에Minié 소총으로 대체되었다.

21 · Mobile artillery

기동 포병

(1499~1763)

전쟁의 달인 프리드리히 대왕의 유산

15세기 말쯤 화포는 바퀴 달린 포차가 더해져 어느 정도 기동력을 확보했다. 하지만 포병의 기동 속도는 옆에서 행군하는 포수들의 행군 속도에 제한을 받았으므로 이 혁신은 속도에 큰 영향을 주지 못했다. 즉 포병은 걷는 속력보다 더 빠를 수 없었다.

17세기 초에 구스타부스 아돌푸스는 보병이 견인하는 경량 화포인 연대포를 도입해 이 문제를 해결하려 노력했다. 그러나 가벼운 무게 때문에 전장에서의 효과가 제한적이었으므로 완전한 해법은 아니었다. 이 문제를 해결한 사람은 18세기 전쟁의 달인인 프리드리히 대왕이다.

프리드리히의 해법은 프로이센 기병대에 기동성을 회복시키기로 한 결정이 실마리가 되었다. 이전의 기병대는 적을 만나면 멈춰 서서 소지한 화기로 교전하도록 훈련받았다. 프리드리히는 기병도와 창을 주 무기로 복원하고 기마 포병horse artillery이라는 형태로 추가 화력을 지원했다. 프리드리히의 기마 포병대 소속 사수들은 말을 탔으므로 이 병과에는 새로운 통일성과 속력이 생겨났다. 기마 포병대의 대포는 당연히 가벼울 수밖에 없었으나 적에게 심각한 피해를 입힐 정도의 위력은 갖고 있었다. 탄약을 나르던 가벼운 수레는 7년 전쟁(1754~1763)기에 전용으로 제작된 바퀴 2개짜리 포차로 대체되었다.

• 사선 대형

'사선 대형Oblique order'은 기마 포병과 더불어 프리드리히의 중요한 발명품이다. 프리드리히는 오랜 기간 원정하면서 수적으로 우세한 적과 자주 마주친 경험이 있었다. 사선대형은 잘 훈련되고 기율이 엄정한 프로이센 보병의 효과를 극대화하는 동시에 적의 수적 우세에 대

프리드리히 대왕

프리드리히 대왕(재위 기간 1740~1786)은 폭력적이고 품행이 거친 아버지 밑에서 비참한 유년기를 보냈으나 당대 최고의 군사적 천재이자 괴테, 볼테르와 서신을 교환한 계몽군주로 성장했다. 그의 초기 군사 경력의 특징은 신속한 공세적 기동이었다. 기동성의 강조는 전 시대 전쟁의 특징인 공성전의 종말을 가속화했다. 프로이센군의 주축인 보병은 당대 유럽 각국 군대의 모범이 되었다. 프리드리히는 병참 부문의 천재였으며 전쟁에 대한 논고를 두 편 썼다. 그중 하나가 『전쟁의 일반 원칙(장군들을 위한 군사적 지침)』(1748)이다. 두 작품 모두 나폴레옹 시대까지 중요한 참고자료로 남았다.

응해 균형을 맞추기 위해 고안한 방책이었다. 전 전열에서 적과 교전하는 대신, 프로이센 부대들은 사선 대형으로 기동하며 적의 측면을 향해 이동했고 선봉 부대는 적의 중앙과 정면에서 교전했다. 프리드리히는 최대한 지형지물을 이용해 기술적으로 기동을 숨겼고 후속부대를 계속 투입해 무너질 때까지 적의 측면을 압박했다. 적의 측면이 무너지면, 이때까지 측면공격을 엄호하던 기병대가 전면적으로 투입되어 적 전열에서 무너진 부분을 이용하기 위해 칼을 빼 들고 일제 돌격으로 급습했다. 이것이 프리드리히의 중기병대에 주어진 임무였다. 경기병, 특히 후사르는 소규모 접전, 정찰과 습격 임무를 맡았다.

" ——— **우리가 북쪽을 보면 그곳에서 북극성인 프리드리히가 반짝인다. 그 주변으로 독일, 유럽, 심지어 전 세계가 회전하는 것처럼 보인다.**

- 요한 볼프강 폰 괴테가 보낸 편지

· 로이텐 전투

로이텐Leuthen 전투는 프리드리히가 감독한 명작이다. 이 전투에서 그는 아군보다 규모가 두 배 이상인 오스트리아군을 상대로 승리함으로써 7년 전쟁에서 프로이센이 달성한 슐레지엔 지배를 확립했다.

" ——— **프로이센 국왕이 전술과 연관된 문제에 대해 말할 때면 … 모든 것**

이 탄탄하고 팽팽하며 굉장히 유익합니다. 에둘러 말하는 것은 없습니다. … 그가 역사에 정통하기 때문이며 … 천재이고 감탄을 자아내는 말을 하는 사람입니다. 그러나 그의 말을 하나하나 살펴보면 악당의 본모습이 드러납니다.”

- 오스트리아 황제 요제프 2세Joseph II가 어머니 마리아 테레지아Maria Theresia에게 쓴 편지

오스트리아군 사령관 로트링겐의 카를 알렉산드로스 대공Prince Charles Alexander of Lorraine은 프로이센군의 포위 기동을 예측했다. 이것이 함정이었다. 로이텐 마을을 중심으로 포진한 오스트리아군은 포위 기동을 막기 위해 6.5킬로미터 길이로 전열을 늘렸다. 프리드리히는 기병을 이용한 견제공격으로 오스트리아군 우익과 교전하는 동시에 4열 종대를 이룬 보병을 이끌고 오스트리아군 좌익으로 향했다. 프로이센군 보병은 연달아 있는 낮은 언덕과 진한 안개에 가려진 상태였다.

프로이센군 대열이 오스트리아군의 좌익을 지나치자 이제 오스트리아군 좌익을 공격할 수 있는 절호의 위치에 있게 된 프로이센군은 적의 노출된 측면을 포위하기 위해 2열로 진격했다. 좌익의 방어를 담당한 부대가 프로이센군에 심정적으로 가까운 개신교도로 구성된 뷔르템베르크Württemberg 부대였다는 사실이 오스트리아군에 더욱 불리하게 작용했다. 이들은 전투를 포기하고 도망쳤고 카를 대공은 우익에서 병력을 빼 와 로이텐을 중심으로 한 전열 중앙부를 강화할 수밖에 없었다.

경보병대의 성장

프리드리히 대왕의 영향력이 미치지 않은 18세기의 새로운 현상은 경보병의 전장 등장일 것이다. 경보병이란 '자유로운 진형,' 즉 엄격한 전열이 아닌 대형으로 소규모 접전을 벌이는 데 특화된 부대다. 오스트리아군은 주로 헝가리 국경 지역의 벽지에서 모집한 경보병 부대를 광범위하게 사용했다. 이들은 정찰과 산악지대에서의 생활 기술에 능숙했다. 프리드리히도 프로이센군에 비슷한 부대를 유지했으나 이들을 전적으로 믿지는 않았다. 이 병사들은 미국 독립전쟁(1775~1782)에서도 존재감을 과시했다. 경보병 부대에 복무하려면 자주성, 사격 솜씨와 자연 위장을 활용할 능력을 갖추어야 했는데, 이는 프리드리히가 선호한 엄격한 규율로 통제되는 보병 진형과는 완전히 반대였다. 1803년의 영국군 지원자 교범에서는 이렇게 강조했다.
"경계심, 활동과 지능이 특히 필요하다. … 경보병은 … 적을 괴롭히고 짜증나게 만들 수 있도록 모든 지형지물을 이용할 줄 알아야 한다."

포격전이 이어진 다음 프로이센군이 로이텐을 점령했고 프로이센군 기병대는 결의에 찬 오스트리아군 기병대의 반격을 격퇴했다. 세 시간 동안 싸운 끝에 오스트리아군은 대열을 무너뜨리고 도망쳤다. 프리드리히의 솜씨는 완벽했다. 그는 성공적으로 자신의 의도를 숨기고 완벽한 기습을 달성했으며 적의 가장 취약한 부분에 결정타를 가했다. 로이텐 전투는 프로이센군의 개편된 기병, 기마 포병과 철저하게 기율이 잡힌 보병이 서로를 보완하며 일군 승리였다.

프리드리히가 거둔 승리의 열쇠는 전투가 벌어지기 전에 이미 자신이 수행할 작전에 통달했다는 데 있었다. 그는 불운한 로트링겐의 카를 대공에게 자신의 의도를 숨길 수 있었기에 오스트리아군의 가장 취약한 부분에 결정타를 가했을 때 완벽한 기습을 달성할 수 있었다. 이는 약 180년 뒤인 1940년 5월에 독일 장성들이 영국 대륙원정군British Expeditionary Force(BEF)과 프랑스군의 격멸을 노리고 벌인 전격전의 핵심 요소를 예고한 바나 다름없었다. 1757년에 거둔 로이텐 전투의 승리로 인해 프로이센은 슐레지엔을 확보했고 카를 대공의 불운한 군 경력도 여기에서 끝났다. 무엇보다 로이텐 전투에서 프로이센 보병대의 탁월함이 입증되었다. 프리드리히 대왕의 정예 연대는 자신들이 척탄병임을 나타내는 금속판이 앞에 달린 척탄병 모자mitre cap을 착용했다.

22· Napoleonic Corps d'armèe

나폴레옹의 군단

(1754~1815)

포병은 가장 효율적인 무기

쉴 새 없이 열심히 일하고 야심만만하며 현대 독재자의 모범이기도 한 나폴레옹 보나파르트Napoleon Bonaparte(1769~1821)는 독특한 역사적 인물이다. 권력이 쇠퇴하기 시작할 때까지 나폴레옹은 의심의 여지 없는 전략의 천재였으나 혁신가는 아니었음이 분명하다.

나폴레옹은 경력을 시작할 때 물려받은 군사 개혁에 생명을 불어넣었다. 포병 출신인 나폴레옹의 손에서 프랑스군 포병은 전장에서 가장 효율성을 발휘하는 무기가 되었다. 그러나 이것은 그만의 업적이 아니었다. 프랑스 포병의 근대화는 1765년 이전 몇 년에 걸쳐 장바티스트 드 그리보발Jean-Baptiste de Gribeauval의 손에서 이루어졌다. 그가 추진한 개혁으로 인해 프랑스군은 대대 수준의 화력 지원을 하던 경량 야포를 폐지하고 이를 대규모로 집결한 포대로 대체했다. 이 포대가 집중 화력을 퍼부어 적의 전열에 구멍을 내면 기병이나 보병이 그 구멍을 이용해 전과를 확대할 수 있었다. 나폴레옹은 기병대를 가공할 위력을 지닌 무기로 만들었으나 기병대가 사용한 전술은 나폴레옹이 전장에 오기 전에 이미 확립된 것이었다.

• 속력과 유연성

나폴레옹의 전쟁 수단에서 눈에 띄는 특징이 속력과 유연성이다. 나폴레옹은 진지전보다 기동전을 옹호한 기베르 백작Comte de Guibert(1743~1790)의 영향을 받았다. 기베르는 독자적으로 작전이 가능한 사단 단위로 군을 조직할 것을 강력히 촉구했다. 이는 드브로이 원수Marshal de Broglie(1750~1794)가 7년 전쟁(1754~1763)에 이미 채택해 실행에 옮긴 적이 있었으나 나중에 프랑스군 고위층이 포기했다. 나폴레옹이 좋아한 『전술일반론Essai général de tactique』의 저자이기도 한 기베르는 징집병으로 국민군을 편성하는 것을 선호했다. 이것 역시 프랑스 혁명이 나폴레옹에게 남긴 유산이었다.

나폴레옹은 또한 오스트리아 왕위계승 전쟁(1740~1748)과 7년 전쟁 동안 프랑스군 총참모장을 지낸 산악전의 명수 피에르-조제프 부르세Pierre-Joseph Bourcet(1700~1780)의 영향을 받았다. 부르세는 아군 전력을 분산해 적이 서로 다른 주요 지점을 지킬 수밖에 없게 하는 방책을 옹호했다. 그는 행군할 때 병력을 분산하더라도 결정적 지점에서는 적이 균형을 회복하기 전에 신속히 집결해야 한다고 주장했다.

> “ 상비군은 국민에게 부담을 주며 전쟁에서 결정적인 대전과를 달성하기에는 부적당하지만 유럽의 주도권은 … 국민군을 만드는 나라에 돌아갈 것이다.
>
> - 기베르 백작, 『전술일반론』, 1772년

• 바타용 카레

1800년에 나폴레옹은 모든 병과가 포함된 군단corps d'armée으로 군을 재조직했다. 군단은 다른 군단과 합류할 때까지 최대 36시간을 단독으로 작전할 수 있었다. 사실상 군단은 독자적 참모진과 보병, 기병, 포병대와 사령부를 갖춘 군대 자체의 축소판이었다. 군단장의 대략적 진공선은 나폴레옹이 결정했지만, 그 다음부터는 행군 중에 어느 정도 융통성을 허락받았다. 적과의 교전은 군단장이 자발적으로 결정할 수 있었고 근처의 다른 군단장들은 대포 소리가 들리는 방향을 향해 행군했다.

군단 개념은 바타용 카레bataillon carré(대대 방진) 진형으로 완전히 구현되었다. 이 대형에서 개별 군단은 이틀 행군 거리 안에서 평행 경로로 행군하며, 선견부대, 차장遮障 임무를 맡은 기병대와 예비대, 그리고 좌익과 우익의 보호를 맡는다. 이렇게 행군하는 나폴레옹의 군대는 사방을 두루 방어할 수 있을 뿐 아니라 소속 부대 중 하나가 적과 접촉하면 어느 방향으로든 전력을 집중할 수 있었다.

이러한 작전적 부대 분산 덕에 나폴레옹은 적을 발견한 다음 다른 군단들이 집결하는 동안 군대 일부만 가지고 적을 잡아둘 수 있었다. 다가오는 대군의 경로를 피해 기동하기란 불가능에 가까웠다. 효율성이 정점에 이르렀을 때 이 전술은 나폴레옹이 가장 원했던 것을 선사했다. 연달아 빠른 기동을 벌인 끝에 야전에서 하나 혹은 그 이상의 적군을 분쇄하는 것이다.

• 예나-아우어슈테트

나폴레옹의 방식은 1806년 10월에 현재 독일의 잘레Saale강 서쪽에서 프로이센군과 벌인 예나-아우어슈테트Jena-Auerstedt의 이중전투 전에 시행된 작전에서 잘 드러난다. 10월 8일, 나폴레옹은 튀링겐 숲을 가로질러 전진을 개시해 프로이센군이 전투를 벌일 수밖에 없도록 유도했다. 바타용 카레 진형을 택한 프랑스군은 18만 명이 3열 종대로 행군했다. 한 개 군단이 한 열이었다. 프랑스군 기병대와 제국 근위대는 가운데 열을 따라 행군했고 바이에른군 1개 사단이 오른쪽 열에서 행군했다.

나폴레옹은 프로이센군의 위치를 확실히 몰랐으나 바타용 카레 대형으로 적을 발견하고 붙들어둘 수 있다고 확신했다. 처음에 프랑스군은 너비 200킬로미터의 전 전선으로 진군했다. 이는 숲을 통과하면서 45킬로미터로 줄었다가 나오면서 다시 60킬로미터로 확대되었다. 이

때 적은 나폴레옹의 주공이 어디를 향할지 확실히 알 수 없었다. 1806년 당시의 프로이센군은 이름만 프리드리히 대왕의 후예였다. 영국의 군사사학자 코렐리 바넷Corelli Barnett의 말을 빌리자면 프로이센군은 '유리 상자에 애지중지하며 모셔진 벌레 먹고 부서지기 쉬운 골동품 무기"였다.

10월 13일, 프로이센군이 퇴각했음을 발견한 나폴레옹은 자신의 왼쪽 측면에 있는 프로이센군을 흩어 놓았다. 그리고 바타용 카레의 방향을 돌려 프로이센군을 함정에 빠뜨리려 했다. 예나에서 그는 프로이센군 일부에 대해 압도적(프랑스군 7만 5,000명 대 프로이센군 4만 7,000명) 군세를 집중해 적을 격멸했다. 그동안 다부Davout 원수가 이끄는 다른 군단이 아우어슈테트에서 수적으로 우세한 프로이센군(4만 5,000명 대 2

울름 기동

나폴레옹의 가장 절묘한 작전 중 하나는 이른바 울름 기동Manoeuvre of Ulm(1805)이었다. 나폴레옹이 1개 군단을 이용해 오스트리아군의 주의를 흡수하는 동안 오스트리아군 우익 옆으로 돌아간 6개 군단이 오스트리아군을 포위했다. 군대 거의 전부를 동원한 포위 기동인 1914년 슐리펜 계획Schlieffen plan의 선구자 격인 기동이었다. 오스트리아군은 고삐에 매여 꼼짝 못한 채 호랑이의 갑작스러운 도착을 기다리는 염소와도 같았다. 허를 찔린 오스트리아군이 포위된 전장은 1704년 블레넘 전투에서 말버러 공작의 군대가 가로질렀던 바로 그 전장이었다. 1805년 10월 20일, 퇴로를 찾지 못한 오스트리아군 지휘관 마크Mack는 나폴레옹이 보는 앞에서 항복했다.

나폴레옹의 공격 패턴

나폴레옹식의 제병합동 공격은 불변의 패턴을 따랐다. 대거 집결한 포병의 맹포격이 끝나고 경보병이 작은 접전을 벌이며 적진을 정찰하기 위해 전진한다. 그리고 적 기병을 제압하고 보병이 방진을 짤 수밖에 없게 만들기 위해 기병을 투입한다. 이 방진은 기병대에 배속된 기마 포병대에게는 이상적인 표적이다. 그리고 보병이 이동하며 사격 전열을 짜거나 종대—횡대 50명 종대 12명—으로 적진을 돌파해 총검으로 국지적 승리를 거둔다. 나폴레옹의 경기병인 후사르 기병대와 용기병대는 이 돌파구를 확대한다. 워털루(1815)에서처럼 이 순서대로 일이 진행되지 않으면 재앙이 눈앞에 어른거렸다.

만 6,000명)과 교전해 이겼다. 단 하루의 전투로 나폴레옹은 구체제ancien régime의 선두에 선 군사 군주국의 붕괴를 앞당겼다.

23 · Naval firepower

해상 화력

(1588~1805)

목조 함선의 마지막 대해전 '트라팔가르'

16세기부터 함선은 상선 개조함이 아니라 처음부터 전투에 특화된 선박으로 발전했다. 이 중대한 변화는 1588년에 대포를 무시하고 도선 전투용 보병에 의지하던 스페인 무적함대가 더 작고 기동성이 좋으며 대포로 무장한 영국 함선에 패배하면서 더욱 두드러졌다. 영국 함선들은 거리를 유지하면서 포격과 항해 실력으로 적을 무력화했다.

그러나 당시의 경량 대포로는 배를 격침할 수 없었다. 수선 아래에 있는 90~120센티미터 두께의 참나무 선체를 관통하는 포탄을 발사하려면 더 무거운 대포가 필요했다. 17세기 중엽의 함선은 갑판마다 같은 구경의 대포를 배치해 건조했다. 로열 소버린함(16장 참조)은 두드러지게 눈에 띄는 이 시기의 사례다. 결과적으로 이러한 함선으로 인해 생겨난 현측 일제사격broadside은 그 뒤로 200년 동안 해상전의 특징이 되었다.

이제 전술은 이러한 발전에 발맞춰 변했다. 함선은 적을 먼 곳에 묶

어두기 위해 장거리 포격을 하지 않고 코앞까지 다가가 현측 일제사격으로 적함을 두들겼다. 229미터 거리에서 함선이 쏜 포탄은 목표물의 목제 선체를 부수고 들어가 파편으로 승조원을 죽이거나 다치게 할 수 있었다. 나란히 '전열'을 짓고 항해하는 함선들은 이 정도로 가까운 거리에서 난타전을 벌였다. 양측 함선이 서로 엉켜서 꼼짝 못 하게 될 경우 도선반boarding parties, 渡船班이 적함으로 건너갔고 양측은 백병전을 벌였다.

해전에 대한 이 간단한 접근법은 새로운 방법으로 대체되었다. 그 창안자는 존 클러크John Clerk(1728~1812)라고 전한다. 클러크는 『해군 전술에 대한 에세이Essay on Naval Tactics』에서 전열 돌파를 옹호했다. 함수나 함미에서 공격을 받은 배는 포를 돌려 적을 겨냥할 수 없다. 클러크는 영국 해군이 적의 전열을 뚫고 들어가서 뒤에 남겨진 적함을 압도한 다음, 나머지 적함이 침로를 바꿔 전투를 벌이기 전에 이탈해야 한다고 제안했다.

트라팔가르Trafalgar 해전(1805년 10월 21일)에서 허레이쇼 넬슨Horatio Nelson 제독은 클러크의 원칙을 가다듬어 프랑스-스페인 연합함대의 전열을 두 군데에서 적절한 각도로 돌파했다. 영국 함대의 각 열은 넬슨의 기함 빅토리Victory와 차석 지휘관 커스버트 콜링우드 경Sir Curthbert Collingwood이 지휘하는 로열 소버린이 이끌었다. 이 대담한 계획에 압도된 빌뇌브Villeneuve 중장이 지휘하는 프랑스-스페인 연합함대의 대열 중앙과 후미는 영국 함대와 난전에 휘말렸고 뛰어난 영국군의 포술과 조함 능력이 여기에서 빛을 발했다. 프랑스군과 스페인군의 기함을 포함해 빌뇌브의 함선 17척이 나포되었고 1척은 완파되었다. 넬슨은 프랑스 군함 르두타블Redoutable의 저격수가 쏜 총탄에 맞아 치명상을 입었다.

> **무언가는 운에 맡겨두어야 한다. 해전에서 확실한 것은 아무것도 없다. 포격은 적군 아군을 가리지 않고 돛대와 활대를 날려버린다. 하지만 나는 적의 대열이 자신의 후미를 구하기 전에 우리가 승리할 것이라고 확신한다. 그리고 영국 함대는 적 전열함 20척을 나포하거나 적이 도주하려 할 경우, 추격할 준비가 되었다고 믿는다.**
>
> \- 넬슨이 각 함장에게 내린 공식 명령, 1805년 10월 8일

영국 해군은 트라팔가르에서 단 한 척의 함선도 잃지 않았다. 기함 빅토리가 도버로 돌아왔을 때 '돛과 흘수선' 사이에 난 포탄 구멍은 80개를 헤아렸고 바닷물이 구멍으로 들어왔다. 빅토리에 탑승한 목수들이 전투 중 그리고 전투 직후에 구멍들을 모두 메꿨다. 돛대의 주대도 약간 손상되어 항해 능력에 지장이 생겼다. 하지만 해상 포대라는 빅토리의 주 기능은 전혀 영향을 받지 않았다. 잉글랜드의 '나무 성벽'의 생존성은 진정 독보적이었다. 단단한 포탄의 충격을 흡수하고 유연성을

발휘하며 형태를 회복했다. 선체가 쪼개지며 작은 파편을 날리기도 했으나 승조원들은 보방식 석조 요새의 방어자들처럼 치명상을 입지는 않았다. 함선이 폭발하거나 침몰하는 경우는 드물었다. 심지어 심한 포격을 받은 다음에도 그랬고, 날씨만 좋다면 생존자들은 배를 몰고 귀항할 수 있었다.

전열함

18세기의 영국 해군 전함은 여섯 가지 종류로 나뉘었다. 대형함들은 '전열함Ship of the line'으로 불렸으며 2개 혹은 3개 갑판을 갖춘, 근본적으로는 중무장으로 적을 타격하도록 설계된 해상 포대였다. 대형함의 등급은 탑재된 포의 수량에 따라 결정되었다. 어림잡아 말하면 '1급' 전열함은 대포 110문 혹은 그 이상을 탑재했고 '2급'은 98문, '3급'은 64~80문, '4급'은 50~64문을 탑재했다. 영국 해군의 가장 작은 함선은 '5급' 프리깃frigate(34~44문)과 '6급' 슬루프sloop(28문까지)였다.

함포

함포는 육상에서 쓰인 대포보다 대개 무거웠다. 표준적 함포는 14.5킬로그램 포탄을 발사했다. 1747년 벤저민 로빈스Benjamin Robins가 개발한 새로운 함포가 영국 해군에 선보였다. 이 대포는 현존하는 종류의 대포들과 무게가 같았으나 구경이 컸고 더 무거운 포탄을 발사했다. 그러나 이 프로젝트는 진척되지 않고 질질 끌다가 상선 무장용으로 스코틀랜드의 캐런 제철소Carron Ironworks에서 짧고 경량의 대구경 화포가 생산되고 나서야 재검토되었다. 캐러네이드포Carronade라고 불린 이 대포는 영국 해군에 채택되어 1781년에는 429척이 이 대포로 무장했다. 선원들은 이 대포에 '분쇄기smasher'라는 별명을 붙였다.

프랑스와 영국 해군은 전술의 또 다른 중요한 측면에서 서로 달랐다. 전투에서 프랑스 해군은 적함의 돛대와 삭구를 부숴 추격을 불가능하게 만들고자 했다. 프랑스 해군은 무엇보다 결정적인 결과가 나올 것이라고 인지할 때만 전투를 벌였다. 이와 대조적으로 영국 해군은 수적으로 열세에 처한 경우가 많아도 적함의 파괴 자체를 목적으로 삼았다. 영국 해군은 적의 함포를 부수고 승조원들을 죽이거나 상해를 입혀 적함이 앞으로 작전할 수 없게 만들기 위해 선체를 집중사격했다.

영국 해군의 포술

트라팔가르에서 넬슨 함대의 함선 27척에는 대포 2,232문이 실렸다. 이 대포들이 발사하는 포탄 중 가장 가벼운 것은 5.4킬로그램이었고 가장 무거운 것은 31킬로그램이었다. 함대 전체가 현측 일제사격을 할 때면 포수 1만 4,000명이 포를 운용했고 이들이 하루에 받는 빵과 물은 3.6킬로그램이었다. 동력인 바람과 조수는 공짜였다. 이와 대조적으로 워털루에서 나폴레옹의 군대는 2.7킬로그램에서 5.4킬로그램 포탄을 발사하는 대포 366문을 전개했다. 나폴레옹의 포병대원은 9,000명이었고 여기에 더해 포를 견인하는 말 5,000마리가 있었다. 말을 먹이는 데 필요한 하루당 50톤의 사료는 다른 곳에서 거둬 모아야 했다. 넬슨 함대의 화력은 나폴레옹 군대보다 여섯 배 컸다고 볼 수 있다. 넬슨 함대와 동등한 화력의 포병을 이끌고 원정하자면 나폴레옹은 포병 5만 명, 말 3만 마리 이상과 하루에 말먹이 300톤, 식량 75톤이 필요했을 것이고 이들은 5분의 1의 비용으로 수송할 수 있는 영국 해군보다 다섯 배 느린 속도로 움직였을 것이다.

(Chapter 5)

산업과 전쟁

24 · Mass production

무기 대량 생산

(1801~1918)

사정거리와 치명도를 끌어올린 산업혁명

19세기 유럽을 결정지은 핵심 사건은 산업화였다. 산업화는 사회와 전쟁의 양상을 바꿔놓았다. 산업화 이전에는 변화의 속도가 느렸다. 1815년 워털루 전투에서 웰링턴의 보병이 휴대했던 '브라운 베스' 소총은 그들의 고조할아버지가 1704년 블레넘에서 가지고 있던 소총과 크게 다르지 않았다.

가장 인원이 많은 병과인 보병은 밀집대형을 짜서 대위력 단거리 일제사격을 했다. 최상의 조건에서 병사 한 사람은 73미터 떨어진 사람 크기의 표적을 맞힐 수 있었다. 그러나 조건이 유리한 경우는 드물었다. 전장을 에워싼 진한 연기는 시야를 좁혔고, 화약의 연소 잔여물은 머스킷의 총열과 발사 장치에 끼었다. 플린트락 기구의 신뢰성이 낮았던 탓에 네 번 발사하면 한 번은 불발이었다.

살상거리는 대개 914미터 이하이며 계속 직사화기 역할을 하던 대포도 근본적으로 변하지는 않았다. 둥근 쇠포탄이나 산탄, 포도탄처럼 묶음으로 발사되는 포탄이 폭발하는 포탄보다 많이 선호되었다. 블레넘 전투의 베테랑이라면 100년 뒤의 기병대도 잘 식별할 수 있었을 것이다. 경기병대는 정찰 임무를 부여받았고 패배한 적의 추격전에도 참가했다. 흉갑과 투구를 쓴 중기병은 급습 효과에 의지해 적의 대형을 무너뜨렸다.

그러나 18세기부터 진행 중이던 민간 부문에서의 중대한 기술적 변화는 군사적 환경에도 극적인 변화를 가져올 터였다. 18세기의 마지막 25년 동안 제임스 와트James Watt가 실용 가능한 증기기관을 도입한 사건으로 인해 석탄 생산과 철 주조량이 늘어났다. 독일에서 철의 생산량은 1823년에 8만 5,000톤에서 1867년에 100만 톤 이상으로 늘어났고, 그로부터 50년도 채 지나지 않은 제1차 세계대전 전야에는 1,500만 톤에 도달했다. 독일은 세계 최고의 산업국 영국을 따라잡았다.

· 인력

유럽에서 산업 생산력이 늘어나고 보건 상태가 좋아짐에 따라 인구가 증가하자 국가의 목적을 달성하기 위해 동원 가능한 인력 풀이 깊어졌다. 근대국가에서 증가한 세수의 상당 부분은 군사 장비, 특히 '돈이 많이 드는' 물건인 대포와 함선에 투자되었다. 하지만 제복, 보존식품, 현대적 막사도 근대국가의 군대에 새로운 위상을 부여하는 데 중요한 역할을 했다.

증기와 강철은 19세기 유럽과 북아메리카에서 전쟁의 방향을 결정한 핵심 요소였다. 1859년 프랑스가 북이탈리아에서 오스트리아와 전쟁을 벌인 이래, 갈수록 규모가 커지는 군대를 전선으로 수송하기 위해 국가마다 철도를 신속하게 부설하는 데 힘을 쏟았다. 철도는 미국의 남북전쟁(1861~1865)에서도 중요한 역할을 했다. 이 전쟁에서 발달한 철도 교통망을 갖추고 더 산업화한 북부는 농업 위주의 남부에 대해 태생적 이점을 누렸다. 19세기에 기술은 통신 분야에도 혁명적 변화를 일으켰으며(철도, 증기선, 전신) 장갑 포탑부터 콘크리트로 덮인 요새에 이르기까지 군사적 방어시설을 강화했을 뿐 아니라 무기의 사정거리와 살상력을 높였다.

• 전장식 볼트 액션 소총

18세기에 소화기 생산 분야는 중세 이후로 바뀐 것이 거의 없었다. 19세기쯤에는 정밀한 도구와 이제 막 시작된 산업 자동화에 힘입어 국영 조병창들과 민간 생산자들은 교체 가능한 부품으로 구성된 표준화된 무기로 재빨리 생산 품목을 바꿨다.

19세기의 첫 30년 동안 플린트락이 퍼커션락으로 대체되면서 머스킷 총의 성능은 크게 향상되었다. 총열에 강선(총탄에 회전력을 주어 명중률을 높이기 위해 총열 내부에 판 홈)이 파인 총은 미국 독립전쟁(1775~1781)과 반도전쟁(1808~1814)에 도입되었다.

> 나는 [약] 1,600걸음 떨어진 데서 보병만 볼 수 있었다. 그러나 여단의 선봉이 다리를 건너려는 순간 … 우리는 샤스포 소총탄의 세례를 받았다. 장교 한 사람, 수석 트럼펫 주자, 병사 3명과 말 6마리가 총탄을 맞았다.
>
> - 크라프트 추 호헨로헤 인겔핑겐Kraft zu Hohenlohe Ingelfingen 공작, 『포병학Letters on Artillery』, 1887년

• 미니에 총탄

강선이 파인 총열에 사용할 총탄은 총열 안쪽에 꽉 맞아야 하면서도 장전하기 쉬워야 했다. 이 문제는 프랑스에서 발명자의 이름을 딴 미니에 총탄Minié bullet이 개발되면서 해결되었다. 미니에 총탄은 아래쪽이 비어 있고 테두리가 있는 원뿔형 총탄이다. 심하게 오염된 총열에서도 쉽게 빠져나오고 테두리가 강선에 꼭 물린 미니에 총탄은 미국 남북전쟁에서 널리 사용되었다.

다음 단계는 전장식 소총을 후장식 소총으로 교체하는 것이었다. 전장식 소총의 가장 큰 문제 중 하나는 사수가 누운 상태로 재장전하기가 지극히 어려웠다는 점이었다.

• 바늘식 소총

후장식 소총은 1848년에야 군용 총기로 등장했다. 프로이센의 총기 제작자인 요한 니콜라우스 폰 드라이제Johann Nicolaus von Dreyse의 아이디

어에서 탄생한 이 소총은 바늘식 소총Needle gun이라고 알려졌다. 프로이센군이 1848년에 채택한 드라이제 바늘식 소총은 나중에 모든 볼트 액션식 소총의 조상이 된 폐쇄식 볼트 시스템을 장비한 첫 소총이다. 바늘식 소총 덕에 프로이센군 보병은 1분에 8발의 속도로 사격할 수 있었으며 이 소총은 1864년 제2차 슐레스비히 전쟁과 1866년 프로이센-오스트리아 전쟁에서 그 효율성을 유감없이 보여주었다.

• 샤스포

바늘식 소총은 극비리에 개발되었으나 그 낌새를 알아챈 프랑스도 바늘식 소총 개발에 나섰다. 이렇게 해서 1863년에 등장한 더 짧은 격침을 갖춘 샤스포Chassepot 볼트 액션식 소총은 바늘식 소총에 비하면 장족의 진보를 이룬 소총이었다.

바늘식 소총과 샤스포 소총은 1870~1871년 프랑스-프로이센 전쟁에서 자웅을 가리게 되었다. 프랑스는 전쟁에서 졌으나 소총 경쟁의 승자는 사정거리가 550미터로 더 긴 샤스포 소총이었다. 1870년 8월 생프리바St. Privat 전투에서 프랑스 제6군단에 정면 공격을 시도한 프로이센군 근위대는 30분도 안 되어 8,000명을 잃었다. 사상자 대부분은 샤스포 소총에 맞아 발생했다. 샤스포 소총과 바늘식 소총을 크게 확대한 버전인 프로이센군의 크룹Krupp사 제 전장식 대포도 전장에서 결정적 역할을 했다.

총미에 상자형 탄창 혹은 총열 아래에 원통형 탄창을 장비한 볼트 액션식 소총은 전 세계 군대의 표준 보병 화기가 되었다. 1885년에 무연화약smokeless powder이 도입되자 전환 과정이 완료되었고, 1900년경에 보병용 소총의 형태가 고정된 후 제1차 세계대전을 지나 제2차 세계대전에 이를 때까지 유지되었다. 대량으로 생산되고 정확성과 신뢰성이 높은 볼트 액션식 소총은 밀집 목표물에 사격할 때 사정거리가 914미터에 이르렀고 5~10발이 장탄된 탄창을 갖췄으며, 잘 훈련된 보병은 분당 15발을 발사할 수 있었다.

25 · The Machine gun

기관총

(1718~1918)

한 번에 다수의 목표물을 파괴하다

화기가 개발된 초창기부터 발명가들에게는 추구해야 할 한 가지 궁극적 목표가 있었다. 지속 사격을 유지할 수 있는 무기다. 그러나 탄약이 불똥으로 점화하는 화약과 쇠구슬인 한 실현 가능한 기계적 해법은 없어 보였다.

처음에 발명가들은 이 문제를 극복하기 위해 리볼버에 노력을 집중했다. 제임스 퍼클James Puckle이 1718년에 만든 '디펜스Defence'는 약실이 6개 있는 실린더 탄창이 달린 거대한 리볼버였는데, 하나의 총신으로 총알을 발사하며 한 발을 발사할 때마다 실린더 탄창을 총신을 분리하고 돌려야 했다. 그런데도 디펜스는 분당 63발이라는 준수한 발사속도를 달성했다.

퍼커션 캡의 등장과 더불어 여러 종의 일제사격총volley gun이 개발되었다. 이 총은 바퀴 모양의 프레임에 여러 개의 소총용 총열을 얹은 형태인데 장전 후 연이어 발사할 수 있었다. 결과는 인상적인 일제사격 후 총을 재장전하는 동안에 일어날 인상적이지 않은 침묵이었다.

미국의 남북전쟁(1861~1865)으로 인해 자동화기의 발전에 가속도가 붙었다. 1861년에 북군은 에이저 기관총Ager machine gun을 소량 구입했다. 이 기관총은 위에 달린 호퍼hopper(사료, 곡식 등을 아래로 내려보내는 데 쓰는, 바닥이 V자 모양인 통—옮긴이) 때문에 '커피밀coffee mill'이라는 별명으로 불렸다. 호퍼에는 화약과 총알이 장전되고 퍼커션 캡이 든 꼭지가 있는 강철제 튜브들이 들어갔다. 크랭크를 돌리면 호퍼에 있는 튜브가 약실로 장전되며 공이가 퍼커션 캡을 때려 격발이 이루어지고 튜브가 배출되며 다음 튜브가 장전되었다. 호퍼의 튜브가 다 떨어지면 사수는 사격을 멈추고 재장전했다.

• 개틀링건과 미트라외즈

당시에 가장 잘 알려진 기계식 기관총은 포차에 얹어 사격하는 개틀링건이었다. 1861년 시카고의 치과의사 리처드 조던 개틀링Richard Jordan Gatling이 개발한 개틀링건Gatling gun은 회전식 프레임에 설치된 총신 6개로 구성되었다. 회전하는 총신이 차례로 탄창과 나란히 배열되면 장전 접시로 떨어진 카트리지가 장전기를 통해 약실로 삽입된다. 총알이 발사되면 다 쓴 탄피는 총신이 회전하면서 추출된다. 개틀링건은 남북전쟁에서 가치를 증명했으나 남부 출신인 개틀링이 남부 연합 동조자로 의심받았기 때문에 미 육군은 1865년에야 개틀링건을 공식적으로 채택했다.

1869년에 프랑스군은 뫼동Meudon의 대포 제작소에서 벨기에인의 설계로 개발된 미트라외즈mitrailleuse 기관총을 채택했다. 바퀴 달린 포차에 장착된 미트라외즈의 원통형 외피 안에는 소총 총열 25개가 있었고 그 뒤에는 판에 실린 카트리지 25개를 장전할 수 있도록 앞뒤로 미끄러지는 폐쇄기가 있었다. 폐쇄기가 닫히면 카트리지가 약실에 장전되고, 크랭크를 돌리면 25개의 격침이 차례로 카트리지를 격발시킨다. 재장전하려면 포미를 열고 다 쓴 탄피가 물린 판을 제거한 다음 새 카트리지를 장전한 판을 끼웠다. 미트라외즈는 효과적인 무기였으나 공식적으로 선보인 첫 무대인 프랑스-프러시아 전쟁(1871)에서는 전술적으로 잘못 운용되었다. 프랑스군은 미트라외즈 포대를 일반 대포와 함께 후방에 두는 경우가 많았는데, 미트라외즈는 사정거리가 더 우월한 프로이센군 대포와 상대가 되지 않았다. 또 매우 비밀리에 개발되었기 때문에 포대 지휘관 가운데 이 무기를 효율적으로 사용하도록 적절한 훈련을 받은 사람이 드물었다.

“ 전기는 집어치우시구려! 돈을 많이 벌고 싶으면 이 바보 유럽인들이 서로를 더 빨리 죽일 수 있는 뭔가를 개발하세요.”

- 미국의 발명가 하이럼 맥심이 외국에서 만난 한 미국인이 한 말

• 맥심 기관총

중력에 의한 장전과 흑색화약 카트리지에 의존하던 기존의 기관총은 무기로서 신뢰받지 못했으나, 금속 카트리지와 무연화약이 발명되자 기관총의 잠재력에 날개가 달렸다. 여러 분야에서 활동한 만능 발명가인 미국인 하이럼 맥심Hiram Maxim은 총알의 반동을 다음 총알을 장전하고 발사하는 데 이용하여, 천 벨트에 끼운 카트리지가 자동으로 장전되어 발사되는 구조를 개발했다. 드디어 사수를 작동기구에서 해방시킨 진정한 기관총이 탄생한 것이다. 사수가 해야 할 일은 방아쇠를 계속 당기는 것뿐이었다.

맥심은 1880년대 중반에 런던으로 이주해 유럽을 돌며 자신이 발명한 기관총의 우수성을 시연했고, 비커스Vickers사와 동업 관계를 맺었다. 1891년경 영국군은 맥심 기관총을 채택했다. 다른 나라들도 영국의 선례를 따랐다. 맥심이 확립한 기본적인 기관총 설계는 30년간 유지되었다.

다른 개량형들도 등장했다. 미국의 존 M. 브라우닝John M. Browning은 발사 가스 일부를 이용해 장전 과정을 보조하는 총을 만들었다. 브라우닝이 추가한 부분은 영국군이 1912년에 채택한 수랭식 비커스 기관총에 차용되었다. 1914년 영국군 대대는 일반적으로 비커스 기관총 2정을 보유했다. 다만 고위층에서 이 기관총이 곧 차지하게 될 중요성을 내다본 사람은 거의 없었다. 독일군은 7.92밀리미터(0.3인치) 파라벨럼

Parabellum탄을 사용하는 벨트 급탄 수랭식 기관총 6~12정으로 기관총 중대를 편성하고 이를 3개 대대로 편성된 연대에 배치함으로써 지휘관의 손에 가공할 집중 화력을 쥐어주었다. 1914년 여름과 가을에 걸쳐 제1차 세계대전의 참호전이 시작되자 양군이 배치한 기관총 수가 급격히 늘어났다. 1914년 영국군 사단은 기관총 24정을 배치했으나 1916년경에는 열 배로 늘어난 204정이 배치되었다.

• 비커스 .303 기관총

1915년경 서부전선에서 소대와 대대 전술은 기관총의 지배를 받았다. 기관총 대부분은 신뢰성 있는 맥심의 설계에 기반을 두었으나 이 기관총은 생산 단가가 비쌌고, 작동방식이 복잡해 비커스 기관총수를 훈련하는 데 두 달이 걸렸으며, 거추장스러웠다. 장전된 비커스 기관총의 무게는 거의 45킬로그램이었고 어마어마한 양의 탄약을 소

실전의 맥심 기관총

프랜시스 드윈턴 경Sir Francis de Winton은 기관총 사용 준비를 마치고 스스로 조작해 가장 가까이 있는 탑에 맹렬한 사격을 퍼부었다. 창문을 관통하고 판자 사이를 뚫고 들어간 총탄은 적 다수를 살상했다. … 그리고 몇 분 만에 적이 요새에서 나와 목숨을 구하기 위해 도망치는 모습이 보였다. 빠르고 정확한 사격에 경악한 나머지 마을이 텅텅 비었고, 다른 마을도 비슷한 상황이었으며 추장 여러 명이 항복했다.

- 감비아에서 맥심 기관총의 사용 보고, 1887년

비했다.

장거리 사격에서 비커스 기관총 한 정만으로도 10만 발을 사격할 수 있었다. 일부 중대는 24시간 동안 거의 100만 발을 쏘기도 했다.

> **내 오른쪽과 왼쪽에 길게 줄지어 선 병사들이 보였다. 멀리서 '다다다다' 하는 기관총 소리가 들렸다. 10야드 더 전진했을 때 내 주변에 몇 사람밖에 남지 않아 보였다. 20야드 더 전진하자 나 혼자뿐인 것 같았다. 그리고 나도 총탄을 맞았다.**
>
> **- 제26 노섬벌랜드 수발총 연대의 한 하사, 1916년 7월 1일 솜Somme 전투 첫날**

비커스 기관총과 다른 기관총들에 대한 핵심적 사실은, 과거에 병사 40명이 내던 화력을 한 사람이 발휘할 수 있게 되었다는 것이다. 솜씨가 좋은 소총수는 분당 40발을 발사할 수 있었고 기관총수는 600발을 발사할 수 있었다. 더욱이 소총수는 아무리 잘 훈련받았어도 죽거나 다치기 쉬웠다. 선대의 머스킷 총수들이 방진으로 배치된 데 비해 근대 전장의 소총수들은 산개해 배치되었기 때문에 어쩔 수 없이 전반적 통제가 불가능했다. 기관총은 단 한 마디 명령으로 다수의 목표를 즉각 파괴할 수 있는 능력을 지휘관에게 되돌려주었다.

무엇보다 기관총은 본질적으로 정밀공학 제품이다. 엄격하게 규정된 한도 안에서 작동하는 기계인 것이다. 비커스뿐 아니라 모든 기관총은 사격 전에 고정 사격용 거치대와 총열의 상대적 각도를 조절하고 좌우 사각을 조정하는 나사를 조이거나 풀어야 한다. 기관총은 선반이나 자동 프레스기처럼 버튼을 누르기만 해도 작동하므로 기관총 사수는 탄띠를 급탄하고 냉각용 재킷에 물을 채워놓으며 총을 왼쪽에서 오른쪽으로, 다시 그 반대로 돌려놓는, 기계를 돌보는 사람이 되어버렸다. 손바닥으로 끝을 좌우로 살짝살짝 미는 동작만으로도 기관총의 사격 방향이 바뀌었다. 영국군은 이 동작을 '2인치 탭'으로 불렀는데, 그동안에도 기관총은 치명적 총탄을 쉴 새 없이 뿜어대고 있었다.

드레드노트형 전함

(1807~1945)

거함거포의 시대를 열다

트라팔가르 해전(1805) 때부터 1840년대까지 전열함의 설계는 거의 바뀌지 않았다. 전열함은 현측 포문으로 발사하는 전장식 포로 무장하고 삭구를 갖춘 3단 갑판의 목제 범선이었다. 그러나 기술의 진보가 이들을 구시대의 유물로 만들 참이었다.

설계 혁명은 세 핵심 분야, 즉 추진 기관, 방어력, 화력에서 감지되었다. 이미 트라팔가르 해전 2년 뒤인 1807년부터 미국의 공학자 로버트 풀턴Robert Fulton이 증기동력 선박의 상업적 실용화 가능성을 선보였지만, 선체 외부에 장착된 외륜의 취약성 때문에 함선에 적용되는 데 제약이 따랐다. 그러나 1843년에는 첫 스크루 추진 함선인 USS 프린스턴Princeton함이 진수되었다.

• 철갑함

프랑스는 함선의 화력 분야 발전에 공헌했다. 전통적으로 함포는 배 전체에 걸쳐 트인 공간에 3미터 간격으로 수납되어 적에게 통짜로 된 포탄을 발사했고, 근거리에서 싸울 때는 적병과 삭구에 가끔 포도탄이나 산탄을 보조적으로 사격했다. 1837년에 프랑스 해군은 자국 함선들을 폭발하는 포탄으로 무장하기 시작했고, 1859년에는 증기기관으로 추진하고 폭발하는 포탄을 발사하는 라 글루아르La Gloire함을 진수했다. 라 글루아르함의 목제 선체는 측면 벨트 두께가 121밀리미터인 철제 장갑으로 덮었다. 영국 해군은 1860년에 워리어Warrior함으로 응수했다. 증기 추진식에 폭발하는 포탄을 발사하고 용골부터 측면 현장bulwark, 舷牆까지 철로 이루어졌으며 라 글루아르함보다 장갑이 두꺼운 워리어함은 최초의 근대적 전함이었다.

라 글루아르와 워리어는 장갑으로 방어되었고 스크루 추진식이며 폭발하는 포탄을 발사하는 대포를 장비했으나 트라팔가르 해전의 함선들처럼 현측에서 사격했다. 미국 남북전쟁(1861~1865) 기간인 1862년에 중대한 의미가 있는 해상 대결이 벌어졌다. 8인치 두께의 철제 장갑을 둘러친 회전포탑에 탑재된 11인치 활강포 2문을 장비한 북군 소속 포함gunboat인 모니터Monitor함이 햄프턴 로즈Hampton Roads에서 남군의 버니지아Virginia함과 근거리에서 격렬한 전투를 벌였다.

이 결투는 결론이 나지 않았다. 하지만 비록 조잡하기는 했어도 모니터함의 선회포탑은 미래의 함선이 나아갈 길을 가리켰다는 것이 가장 중요한 시사점이었다.

그러나 매우 무거운 포탑을 탑재한 함선은 건현이 매우 낮아서 원양 작전에 제약이 따를 터였다. 더욱이 리사Lisa 해전(1866)에서 기술적으로 열등한 오스트리아 함대가 기술적으로 우월한 이탈리아 함대에 거둔 승리로 인해 설계자들은 전함에 장갑 충각armored ram을 설치하는, 기술적으로 말도 안 되는 일을 계속해야 했다(리사 해전에서 오스트리아 함선이 이탈리아 함선을 충각으로 들이받아 격침했다.—옮긴이). 하지만 19세기 후반기에 근대 국가임을 자처하는 국가들은 증기로 추진되고 폭발하는 포탄을 발사하는 포를 장비했으며 기관실, 탄약고와 포대를 금속판으로 보호하는 철갑함Ironclads을 배치했다.

20세기로 접어들 무렵, 해전 기술은 어지러울 정도로 빠르게 변하고 있었다. 1904년에 제1 해군경으로 임명된 피셔John Arbuthnot Fisher 제독은 이런 상황에 자극을 받아 '모든 포를 대구경포로all-big-gun' 장착한 전함 설계를 위한 위원회를 구성했다. 그러던 중 1905년 5월에 일본이 쓰시마 해전에서 러시아를 상대로 승리하자 피셔 제독의 숙고에 절박함이 더해졌다. 이 해전은 현대적 해군 포술이 무엇을 이룰 수 있는지를 보여준 극적인 시연이었다.

• 드레드노트

1905년에 피셔 제독은 현존하는 모든 종류의 전함을 구식으로 만들 전함 건조 프로그램을 발족했다. 목적은 당시 사용 가능한 추진 기관, 방어력, 무장 부문의 진보를 단 하나의 선체에 몰아넣는 것이었다. 구체적으로 로터리 터빈 기관, 장갑 방어, 거리측정용 광학장비, 사격 통제 시스템과 폭발 지연신관을 이 전함에 적용할 계획이었다.

1905년 10월부터 1906년 2월까지 엄청나게 빠른 속도로 건조되고 진수된 배수량 1만 8,000톤의 전함 드레드노트Dreadnaught는 1만 3,000마력 파슨스Parsons 증기터빈으로 속력 21노트를 냈다. 당시로서는 전함이라기보다 순양함의 속력이었다. 연장포탑 5개에 탑재된 30.5센티미터(12인치)포 10문이라는 드레드노트의 무장은 당대 어떤 현역 전함보다 강력했다. 어뢰정 공격에 대한 방어책인 7.6센티미터(3인치) 속사포 26문 덕에 적 어뢰정은 사정거리가 3,000야드(2,743미터)였던 당시의 어뢰 사정거리 안으로 들어올 수 없었다. 하지만 영국 해군 수뇌부는 얕은 북해의 바닷속에 있는 위협, 즉 '접촉' 기뢰와 어뢰를 발사하는 잠수함에 전함이 취약하다는 점을 알고 있었다.

> **해군성은 6척을 요구했고 재무성은 4척을 제안했다. 우리는 8척으로 타결을 보았다.**
>
> **- 윈스턴 처칠, 1909년 내무장관 재직 시절**

영국이 드레드노트함을 건조하면서 기술적 도약을 꾀한 의도는 영국 해군의 경쟁자, 즉 프랑스, 러시아, 일본, 미국, 독일의 야심을 사전에 차단하겠다는 것이었다. 특히 독일은 해양에 대한 야심이 있던 카이저 빌헬름 2세의 지원하에 독자적인 드레드노트형 전함 건조에 착수해 영국 해군이 '건함 경쟁'에서 가졌던 우위를 야금야금 갉아먹기 시작했다. 1914년 여름, 영국은 여전히 압도적으로 우세한 해양 세력이었고 영국 해군의 전함은 사상 최대의 제국을 지키는 수호자였다. 당시 영국 해군의 전투서열에는 드레드노트형 전함 20척과 드레드노트형 순양전함battlecruiser 9척이 있었다. 후자는 드레드노트형 전함과 같은 배수량이지만 더 빠르고 장갑이 더 얇은 함선이었다. 독일 해군의 원양함대High Seas Fleet는 드레드노트형 전함 13척과 순양전함 5척을 보유했다.

> **잘못된 행보를 취한다면, 우리 전투함대의 절반이 발포조차 하기 전에 수면 아래의 공격에 무력화되는 상황이 실제 일어날 가능성이 있다.**
>
> **- 존 젤리코John Jellicoe 제독, 영국 연합함대 사령관, 1914년 10월**

독일 함대의 전함들은 영국 전함들보다 작고 경무장이었지만 결정적으로 중요한 이점이 있었다. 독일함들은 상대적으로 중장갑을 갖추었고 기관과 탄약고를 적의 포탄에서 보호하는 수선을 따라 부착된 장갑벨트가 영국함보다 현격히 두꺼웠다. 독일 전함들은 함폭이 더 넓어서 안정적으로 사격할 수 있었다. 또한 수많은 수밀구획으로 선체 내부가 나뉘어 있었는데 이는 전투 생존에 필수적 요소였다. 영국 해군의 함선들도 비슷한 '벌집' 시스템을 채택했으나 구획의 수가 적어서 실전에서 효과가 떨어졌다. 피탄된 함선은 수리를 받으러 대열에서 이탈해야 했다.

장갑이 얇은 영국 순양전함의 약점은 독일에 비해 열등한 탄약고 방어책과 탄약을 다룰 때의 부주의, 그리고 순간화염이 포탑에서 아래 탄약고까지 옮겨갈 수 있다는 위험을 충분히 인지하지 못했다는 점 때문에 더욱 복잡해졌다. 이 취약점은 1916년 영국 연합함대와 독일 원양함대가 유틀란트Jutland에서 충돌했을 때 여지없이 드러났다. 영국 해군은 순양전함 3척을 잃은 데 반해 독일군은 1척을 잃었다. 독일 원양함대는 전술적 승리를 주장할 수 있었으나 영국 해군은 여전히 전략적으

무장의 개선

드레드노트함은 주포 사격의 중앙집중식 사격통제에 투입된 기술과 기량을 근거로 그 어떤 함선보다 절대적으로 우세하다고 주장할 수 있었다. 영국의 퍼시 스콧Percy Scott 제독과 미국의 윌리엄 심스William Sims 제독이 주도하여 개발된 사격 통제장치는 거리측정 장치와 작도계, 전기 통신장비와 탄착 관측과 해석 및 이에 기반한 대포와 탄약의 정밀보정을 통합한 장치였다. 개선 결과는 극적이었다. 1904년에 시행한 시험에서 명중률이 42.86퍼센트에 불과했으나 2년 뒤에 도입된 새 시스템은 71.12퍼센트의 명중률을 자랑했다.

로 우위에 있었다. 1주일도 되지 않아 영국 함대는 다시 북해로 항해할 수 있었다. 독일 해군은 다시는 이런 대규모 해상전이라는 모험을 시도하지 못했다.

(Chapter 6)

제1차 세계대전

참호전

(1914~1918)

진흙탕 속 가장 참혹했던 전투

제1차 세계대전은 기동전으로 시작했으나 서부전선에 고정 참호 시스템이 도입되면서 많은 면에서 모든 종류의 대포와 탄약이 대량으로 필요한, 엄청나게 규모가 큰 공성전과 비슷한 면모를 갖추게 되었다.

영국군도, 동맹군인 프랑스군도 준비 없이 이 사태를 맞았다. 1914년에 프랑스군 포병의 근간은 1897년에 도입된 75밀리미터(3인치) 속사 야포였다. 유기압식 주퇴복좌 시스템hydro-pneumatic recoil system 덕에 75밀리미터 야포는 사격할 때 뛰어나게 안정적이었고 폐쇄기를 빠르게 조작할 수 있어 1분당 10발을 발사할 수 있었다. 이 포는 5.4킬로그램(12파운드) 고폭탄 혹은 7.2킬로그램(16파운드) 유산탄을 9킬로미터까지 쏘아 보낼 수 있었다. 하지만 전면 공격을 해결책으로 믿은 프랑스군의 75밀리미터 야포는 참호전에 적당하지 않았고, 포탄은 엄중하게 방어된 진지를 위협하기에는 너무 가벼웠다.

개전 무렵의 영국 대륙원정군(BEF)은 중포 없이 18파운드(8.2킬로그램) 속사 야포만 야전에 배치했다. 프랑스군의 75밀리미터 야포처럼 이 포도 잘 구축된 참호에 효과를 발휘하기에 충분한 무게의 포탄이나 부앙각이 없었다. 하지만 전선 후방 3~5킬로미터 위치에 배치된다면 18파운드 야포는 일제 포격에서 제 역할을 할 수 있었다.

• 독일의 우세

19세기 후반기에 독일은 서부에서 프랑스, 동부에서 러시아가 건축한 강화 진지를 격파할 무기를 개발했다. 따라서 독일군 야전포병 전력에서 곡사포howitzer(포신이 짧고 고각으로 더 무거운 포탄을 발사하는 포)가 차지하는 비율이 적보다 더 높았으며, 이는 결정적 우위로 작용했다. 독일이 전쟁 전에 개발한 초대형 대포, 곡사포와 공성포mortar 가운데 가장 인상적인 대포는 무시무시한 75톤 무게의 크룹Krupp 42센티미

돌파

"적 진영 돌파는 대개 고폭탄을 얼마나 많이 쓸 수 있는지에 달려 있다. 탄약을 충분히 공급받는다면 적 진영을 뚫고 진격로를 개척할 수 있다."

- 존 프렌치 경, 1914~1915년 영국 유럽원정군 사령관, 1915년 1월

터(16.5인치) 곡사포였는데 이 포는 918킬로그램(2,052파운드) 포탄을 14.2킬로미터까지 발사할 수 있었다.

· 간접 포격

1914년 전에 완성된 포병 기술인 간접 포격을 사용해 포수들은 보이지 않는 목표물에 사격할 수 있었다. 위장한 탄착관측수가 전화로 포수들에게 지시를 보낸 다음 첫 탄의 명중 결과를 관측하고 사격제원 수정을 지시한다. 참호전 환경에서 이는 매우 중요한 방법이었지만, 1914년 여름에 병사들은 기동전을 예상했기 때문에 간접 포격은 별 도움이 되지 않을 거라고 생각했다.

1915년 봄 무렵, 이 허황한 희망은 산산이 부서졌다. 5월에 프랑스군은 아르투아Artois 공세에 중포 300문을 배치했다. 가을이 되어 샹파뉴Champagne에서 새 공세를 시작한 프랑스군은 이번에는 대포를 최소 2,000문 배치했는데 대포와 탄약을 필요한 위치에 가져다 놓기 위해 철도 노선 3개를 부설해야 했다. 프랑스군의 맹포격으로 독일군 3개 연대가 전멸했으나 폭우가 전장을 진흙 바다로 바꿔놓았고 돌파의 기회도 사라져버렸다. 1915년의 실패한 공세에서 영국군과 프랑스군이 배운 교훈은 포병을 더 많이 투입해야 한다는 것이었다.

1914년 8월, 영국 유럽원정군은 대포 486문을 가지고 프랑스에 상륙했다. 1918년 11월 무렵에 프랑스에 있는 영국군 대포는 모든 종류를 합쳐 6,432문이었다. 전쟁 동안 영국군은 포탄 1억 7천만 발을 발사했으며 무게로 환산하면 500만 톤이다. 1916년 6월에 솜 전투 전의 준비 포격에서는 독일군 철조망을 뚫고 포대를 침묵시키며 방어군을 대피호에 묻어버릴 의도로 150만 발을 발사했다.

모든 게 잘못 되었다. 타는 듯이 뜨거운 7월 1일 아침 07시 30분, 포격은 독일군 제2선으로 이동해 갔다. 독일군 기관총수들은 충격을 받았으나 다치지 않은 채 대피호에서 나와 무인 지대를 걷는 속도로 전진하던 영국군 13개 사단에 압도적 위력의 기관총탄을 우박처럼 쏟아부었다.

1917년 6월의 메신Messine에서 영국군은 대포 2,388문(808문은 중포)과 활강식 참호전용 박격포 304문을 9마일(15.4킬로미터) 너비의 전선에 집중배치했다. 7야드(6.4미터)마다 대포 1문 혹은 1마일(1,609미터)마다 대포 240문의 비율이었다. 17일간에 걸친 예비포격에서 전선 1야드(0.9미터)마다 5.5톤에 달하는 포탄을 퍼부었다. 1914년부터 1918년까지 서부전선 사상자의 70퍼센트는 포병 때문에 발생했다.

가장 맹렬한 포격하에서도 적 보병의 공격을 격퇴하기에 충분한 수의 병사가 살아남았다. 1917년 7월에 파스샹달Passchendaele 전투의 막을 연 14일간의 포격에서 발사한 포탄 430만 발은 독일군의 방어를 분쇄하는 데 실패했고, 전투 구역의 취약한 배수시설만 파괴했다. 그리고 비가 내렸다. 참호 밖으로 나온 영국 보병은 진흙 바다와 독일군이 퍼붓는 총탄을 뚫고 전진해야 했다.

> **문자 그대로 포탄이 명중할 때마다 대지가 흔들렸다. 포탄이 10~15초 간격으로 떨어졌다. 멈출 줄 모르는 포탄이 점점 더 머리 위로 가까이 날아오는 것 같았다.**
>
> **- 포수 오브리 웨이드Aubrey Wade, 『대포의 전쟁The War of Guns』, 1936년**

• 참호전용 박격포

1914년에는 독일군만 박격포를 실전에 배치했다. 독일군은 러일 전쟁 중인 1904~1905년 뤼순항 포위전에서 일본군이 급조해 사용한 박격포에 깊은 인상을 받았다. 대량으로 보유한 기관총과 중포에 더해 독일군은 참호 전용 박격포Trench Mortar 180문 혹은 미넨베어퍼Minenwerfer(폭탄 던지기)를 갖고 있었다. 영국군은 이를 '모닝 미니moaning minnie(신음하는 미니)'라고 불렀는데 이는 원래 독일어 단어를 엉터리로 부른 이름이기도 하고 흔들거리며 날아오는 박격포탄이 내는 소음을 가리키기도 한다.

제1차 세계대전이 시작되었을 때 독일군은 처음부터 적 방어시설 파괴를 목적으로 제작된 박격포 3종을 보유했다. 4.5킬로그램(10파운드) 포탄을 1,000미터까지 발사하는 7.6센티미터(3인치) 경박격포와 49킬로그램(109파운드) 포탄을 548미터까지 발사하는 17센티미터(6.5인치)

중中박격포, 그리고 100킬로그램(220파운드) 포탄을 548미터 이상 거리로 발사하는 21센티미터(8.3인치) 중重박격포다. 후자는 서부전선에서 가장 치명적인 무기 중 하나였다. 매우 높은 발사 탄도와 포탄에 든 대량의 화약 때문에 이 박격포는 참호 한 구역을 완전히 파괴할 수 있었다. 독일군 박격포는 독립적인 박격포 분견대에 분배되었다. 각 보병연대는 7.6센티미터(3인치) 박격포와 유탄발사기 24기를 갖춘 미넨베어퍼-압타일룽Minenwerfer-Abteilung(박격포 대대)을 하나씩 보유했다.

1915년 초부터 영국은 독일을 따라잡기 위해 열심히 노력했다. 그해 1/4분기에 영국 공장들은 박격포 75문과 포탄 8,000발을 생산했다. 같은 해 4/4분기의 생산량은 박격포 424문과 포탄 18만 9,000발로 상승했다. 1916년 7월의 솜 공세 전야에 영국군 보병사단은 경박격포 3개 포대와 중中박격포 3개 포대를 보유했다. 각 포대는 박격포 4문으로 구성되었다. 중重박격포를 보유한 독립 포대는 나중에 도입되었다. 1918년경 영국군은 서부전선에 박격포 약 3,000문을 전개했다.

1916년의 표준 박격포는 7.6센티미터(3인치) 스토크스Stokes 경박격포였다. 발사 속도가 분당 30발인 이 박격포는 처음에는 연막탄 발사용으로 배치되었다. 그해 봄, 영국은 준비된 진지에서 27킬로그램(60파운드) 탄환을 적진 안쪽 137미터까지 발사할 수 있는 중中박격포를 도입했다. 1916년 말에 도입된 중重박격포는 68킬로그램(150파운드) 포탄을 발사했으며 최대 사정거리는 1,000야드(914미터)였다. 지표면 25피트

(7.6미터) 아래 참호 바닥에서 발사된 이 박격포의 포탄은 적 참호에 비슷한 깊이의 구덩이를 파낼 수 있었다.

화학전

(기원전 431 ~ 2012)

참호를 지옥으로 만든 화학 무기

화학물질의 독성을 전쟁 무기로 이용하는 화학전의 역사는 전쟁 자체만큼이나 오래되었다. 석기시대 사냥꾼과 고대 그리스인은 독을 바른 화살을 이용했다. 기원전 4세기의 힌두 국가론인 '마누 법전Law of Manu'은 독화살의 사용을 금지했으나 물과 음식에 독을 푸는 것은 장려했다. 기원전 6세기 중국의 『손자병법』은 '화공火攻'을 권장했다. 아테네인과 스파르타인도 친숙했을 공격 방법이다.

펠로폰네소스 전쟁(기원전 405~401)에서 아테네가 포위당했을 때, 스파르타군은 증기가 방어군을 무력화하기를 바라며 나무, 피치, 유황을 섞은 물질을 성벽 밑에 두었다. 초기 형태의 가스전에 의지한 셈이다. 중세에는 영국 해군이 프랑스군 선원들을 생석회(산화칼슘)으로 눈을 못 뜨게 만들어 프랑스의 침공을 저지했다고 전해진다.

17세기의 공성전에서 각국 군대들은 포위된 도시에 유황, 지방, 테레빈유, 초석으로 채운 소이탄을 퍼부어 화재를 일으키고자 했다. 크림전쟁 기간인 1854년에 라이언 플레이페어Lyon Playfair라는 한 영국인 화학자가 시안화카코딜cacodyl cyanide을 담은 포탄을 러시아 전함에 사용하자고 제안했다. 영국 병기국은 이 제안을 고대의 전쟁에서 우물에 독을 푸는 관행만큼 비열한 행동으로 간주했다. 플레이페어의 반응은 단호했다. "녹인 금속으로 속을 채운 포탄을 적군 사이에 흩뿌려 끔찍한 죽음을 부르는 방법은 합법적인 것으로 간주하면서, 왜 사람을 고통 없이 죽이는 독이 든 증기는 불법적인 방법으로 여기는지 이해하기 어렵다." 1899년 헤이그 평화회의에서는 질식가스로 속을 채운 포탄의 사용을 금지했다. 이 결정은 헤이그 의정서에 따라 1907년에 확정되었다.

> **갤리선에 가루 형태의 독을 던져라. 석고, 고운 비소 황화물, 가루로 빻은 곰팡이는 망고넬을 이용해 적함으로 던질 수 있다. 숨쉴 때 이 가루를 흡입하는 자는 모두 질식할 것이다.**
>
> **- 레오나르도 다빈치**Leonardo da Vinci

• 제1차 세계대전

제1차 세계대전에서 서부전선이 교착되고 참호전의 정체 상태가 시작되자 '신무기'가 자연스럽게 모습을 드러내 확산되었다. 1914년에 독일군이 유산탄에 든 납 구슬을 둘러싼 수지제 외피를 자극적인 화학물질로 대체하여 처음으로 화학전을 벌였다. 이 포탄은 영국군에게 사용되었으나 눈에 띄는 성과는 없었다.

동부전선에서 독일군은 브롬화 자일릴xylyl bromide로 채운 포탄을 썼다. 1915년 1월, 이 포탄은 폴란드의 볼리모프Bolimów 근처에서 러시아군에게 사용되었으나 강추위 때문에 액상 화학물질이 포탄 속에서 얼어붙어 기화되지 않았다. 비슷한 포탄이 서부전선 뉴포르Nieuport에 있는 영국군에게 1915년 3월에 사용되었으나 이번에도 효과는 거의 없었다.

독일군은 끈질겼다. 1915년 4월 22일 오후 5시, 불길한 느낌을 주는 녹황색 구름이 이프르Ypres의 연합군 진지를 향해 서서히 다가왔다. 이 구름은 공세를 앞둔 독일군이 참호에 있는 500개의 가스 실린더에서 사전공격의 일환으로 방출한 압축 염소가스chlorine gas였다.

독일군 포로와 탈주병들이 이 새로운 무기에 대해 경고했지만 대응책은 마련되지 않았다. 이프르 북쪽 측면에 있던 프랑스군 식민지병 2개 사단이 이 구름에 휩싸여 겁에 질린 채 도주했다. 전선에 생긴 너비 6.5킬로미터의 공간에 있던 사람들은 이미 시신이 되었거나 염소가스에 중독되어 고통스럽게 질식해 죽어갔다.

> **“ 성공적 가스 공격의 효과는 끔찍했다. 나는 사람을 독살한다는 생각에 기쁘지 않았다. 물론 전 세계는 처음에 우리에게 분노하겠지만 곧 우리를 따라할 것이다.**
>
> - 루돌프 빈딩Rudolf Binding, 『전쟁의 운명론자A Fatalist at War』, 1929년

• 염소가스

염소가스에 중독되면 질식으로 인해 느리고 고통스러운 죽음이 뒤따른다. 1915년 9월 25일, 영국군은 루스Loos의 독일군 진영에 염소가스를 살포했으나 가스는 적의 참호에 거의 도달하지 못했다. 그 뒤로도 가스 포탄의 사용이 점점 늘어나 1918년경에는 최소 63종의 가스가 사용되고 있었다. 가스는 모두 냄새가 달랐고 인체에 미치는 끔찍한 효과도 제각각이었다. 염소는 파인애플과 후추를 섞은 듯한 냄새가 났고 포스겐phosgene은 썩은 생선 냄새가, 머스터드가스mustard gas는 비누와 사탕 냄새가 났다. 이 가스의 효과는 12시간 뒤에 발생한다. 희생자는 피부에 물집이 생기고 눈을 뜨지 못하며 가스가 기관지

제네바 의정서

1925년에 국제연맹은 독가스와 박테리아 무기의 사용을 비난한 제네바 의정서Geneva Protocol를 발표했다. 그러나 생화학 무기는 이탈리아가 아비시니아Abyssinia에서, 일본이 중국에서 쓰는 등 전간기에도 사용되었다. 1930년대에 독일 과학자들은 타분tabun 신경가스를 개발했다. 이 가스는 사용되지 않았으나 1944년에 1만 5,000톤이 진격하는 붉은 군대의 손에 넘어갔다. 독일 과학자들은 1938년에 사린sarin 가스를, 1944년에 소만soman 가스를 발견했으나 사용하지 않았다. 아마도 연합군이 더 끔찍한 무언가로 보복할지 모른다는 히틀러의 우려 때문이었을 것이다. 영국은 독일의 침공에 직면한 1940년 여름에 가스 사용을 고려했다. 1943년에 미군은 독일이 가스를 사용한다면 머스터드가스를 쓰는 방안을 준비했다. 머스터드가스를 수송하던 SS 존 하비John Harvey호가 바리Bari항에서 독일군 Ju 88 폭격기에 격침되었다. 69명이 사망했으나 이 사건은 오랫동안 비밀에 부쳐졌다. 전후 영국은 VX 신경 가스를 개발해 열핵탄 무기 기술과 교환했다.

를 공격해 점막 조직이 떨어져 나가고 심하게 구토한다. 이 가스의 잔류물이 남은 포탄 구덩이에 숨은 사람들은 고환이 망가진다고도 알려졌다. 머스터드가스의 희생자 중에 아돌프 히틀러Adolf Hitler가 있었다. 히틀러는 제16 바이에른 동원연대에서 복무하다가 1918년 10월에 이프르에서 영국군의 가스 공격을 받았다.

• 제1차 세계대전기의 대응

독가스는 불완전한 무기였다. 바람의 방향이 바뀌면 가스를 살포한 병사들의 얼굴을 다시 덮칠 수 있었다. 방어 수단이 곧 개발되었다. 가스에 대한 첫 대응 수단은 원시적이었다. 그중 하나가 오줌에 담근 자투리 면으로 만든 패드였는데, 염소를 어느 정도 중화하는 효과가 있었다. 1915년 초여름, 영국군은 머리에 뒤집어쓰고 옷깃 밑으로 밀어 넣는 플란넬 소재의 '헬멧'을 도입했다. 1917년부터 이 임시방편은 박스형 호흡기로 대체되었는데 이 호흡기는 화학물질이 들어간 필터를 이용해 가스를 중화했다.

1915년 8월경에 프랑스군은 화학물질을 적신 천을 금속 띠와 테이프로 고정해서 코와 입을 가리는 디자인의 방독면을 도입했다. 그러나 1915년 11월 26일에 베르됭Verdun에서 도입된 포스겐에는 효과가 없었다. 1916년 1월부터 원추형에 탄성 있는 띠와 별도의 고글을 갖춘 새 방독면이 도입되었다. 이 방독면을 쓰면 4시간 동안 포스겐으로부터 몸을 지킬 수 있었다. 고글이 통합된 개량형인 M2형 방독면은 1916년 가을에 도입되어 1918년까지 표준 지급장비였다.

공중전

(1914~1918)

전쟁에 하늘이라는 새로운 차원을 더하다

1914년 전쟁이 막 벌어졌을 때 '비행대는 프랑스로 날아갔다'라는 간단한 진술은 영국이 더 이상 유럽 대륙에서 안전하게 동떨어져 있을 수 없을 뿐 아니라 새로운 형태의 전쟁이 등장했음을 알리는 문장이었다.

영국 항공군단Royal Flying Corps(RFC)의 비행기 63기가 영국 대륙원정군과 동반해 유럽으로 파견되었다. 이 비행기들의 구조는 취약했으나 태생적으로 비행 성능은 안정적이었고 그들이 맡은 역할인 정찰은 전쟁 내내 주요 참전국 공군의 주 작전 활동이 될 터였다. 하지만 조금 더 대담한 조종사들이 방해받지 않고 임무를 수행하기 위해 카빈총, 투창, 심지어 벽돌을 가지고 날아오르기 시작했다.

포커의 발명

날개가 두 개 달린 프로펠러는 분당 1,200번 회전했기 때문에 정해진 위치를 분당 2,400번 지나가는 프로펠러 날개 사이로 총탄을 발사해야 하는 기술적 문제가 생겼다. 이는 날개 중 하나가 총구 앞에 있는 한 조종사는 방아쇠를 당기지 말아야 한다는 뜻이었다. 문제가 이렇게 정리되자 해법은 금방 떠올랐다.

- 안토니 포커Anthony Fokker, 『하늘을 나는 네덜란드인Flying Dutchman』, 1938년

• 전방 사격 기관총

1915년 2월, 프랑스인 롤랑 가로Roland Garros와 레이몽 솔니에Raymond Solnier가 전방 사격 기관총을 실험했다. 이들은 발사한 총탄 중 적은 수만 프로펠러에 부딪힐 것이라 계산하고 총탄을 튕겨내기 위해 프로펠러에 강철판을 붙였다. 4월, 가로는 독일군 전선 후방에 불시착했고 노획된 모랑-솔니에Morane-Saulnier N형 덕에 네덜란드 태생 공학자 안토니 포커는 프로펠러가 앞을 가리지 않을 때만 총이 발사되는 기계적 동조 기어mechanical interrupter gear를 만들었다. 이 장치는 아인데커Eindecker라 불린 포커 E.I 단엽기에 탑재되었고, 이렇게 해서 진정한 의미의 첫 전투기가 탄생했다.

1915년 7월 1일, 쿠르트 빈트겐스Kurt Wintgens 중위가 프랑스군 2인승 모랑기를 격추하면서 아인데커는 공중전에서 첫 승리를 거뒀다. 막스 이멜만Max Immelman과 오스발트 뵐케Oswald Boelcke 같은 뛰어난 조종사

들이 조종한 아인데커 E.III형은 서부전선에서 압도적으로 우세했다. 1915년 8월부터 1916년 1월까지 영국과 프랑스 항공대가 입은 손실은 '포커의 징벌Fokker Scourage'이라고 알려질 정도였고, 속절없이 당한 연합군 조종사들은 '포커의 밥Fokker Fodder'이라고 불렸다.

• 항공전의 에이스들

오스발트 뵐케는 1916년 2~6월에 베르됭 상공에서 겪은 격렬한 공중전 경험에 기반해 전투 목적으로 특화된 비행대, 야크트슈타펠Jagdstaffel(전투 비행대, 흔히 '야스타Jasta'라고 불림)을 편성했다. 뵐케가 지휘하는 야스타 2의 초창기 부대원으로 만프레트 폰 리히트호펜 남작Manfred Freiherr von Richthofen이 있었다. 리히트호펜은 80기 격추를 기록해

뵐케의 금언

1916년 10월 28일, 40기 격추 전과를 올린 오스발트 뵐케는 순찰대 지휘관기와 포커 D.III가 충돌하면서 전사했다. 공중전을 위해 그가 고안한 함축적인 규칙들, 즉 '뵐케의 금언'은 제2차 세계대전에서도 유효했다. 그 내용은 다음과 같다.

1. 공중전에서 가장 좋은 위치는 적이 대응할 수 없을 정도로 가까운 거리에서 적을 쏠 수 있는 위치다. 따라서 …
2. 공격하기 전에 상승하고 뒤에서 강하하라. 고도는 급강하할 때 속력을 더해주며 순찰 지역을 넓힌다.
3. 구름과 태양의 눈부심 같은 자연적 엄폐를 이용하라. - 구름과 태양의 번쩍임 같은.
4. 적이 의심하지 않고 다른 임무에 정신이 팔려 있을 때 공격하라.

최고의 에이스가 된다.

양측에서 신형기를 도입함에 따라 연합군에서도 에이스가 탄생하기 시작했다. 프로펠러가 뒤쪽에 달린 '푸셔pusher'형 전투기인 DH2(전방을 바라보는 조종사 좌석에 루이스Lewis 기관총을 장착)를 몰고 비행한 영국군 제6 비행대의 라노 호커Lanoe Hawker 소령은 공중전에서 첫 빅토리아 십자장Victorian Cross(VC)를 받은 영국 항공군단 조종사가 되었다. 1916년 11월 23일, 솜 전투가 끝날 무렵 호커는 알바트로스Albatros D.II 복엽기를 조종하던 리히트호펜과 격렬한 선회전을 벌인 끝에 그의 열한 번째 희생자가 되었다.

폰 리히트호펜의 동생 로타르Lothar가 영국군 제56 비행대의 에이스 앨버트 볼Albert Ball 대위를 1917년 5월 7일에 격추했다고 종종 잘못 알고 있는데, 볼 대위는 자신의 S.E.5a 전투기의 조종석에서 심하게 훼손

신체적 압박

최대 6,096미터(2만 피트) 고도에서 비행하며 전투하는 것은 상당한 체력을 소모하는 일이었다. 영국군 제56 비행대 소속 제임스 메커든James McCudden 대위는 다음과 같이 회상한다.

"캉브레Cambrai 서쪽에서 우리는 이제 고도를 1만 피트까지 낮췄다. … 나는 기수를 돌렸다. 사실 컨디션이 몹시 좋지 않았다. 고도나 강하 속도 때문이 아니라 고고도에서 경험하는 지독한 추위 때문이었다. 저고도로 내려와 산소를 더 많이 호흡하게 되면 심장이 더 강하게 고동치며 느릿느릿 움직이는 차가운 피를 너무 빨리 순환시켰다. … 정말 몸이 좋지 않았다. … 그리고 피가 혈관을 돌 때의 느낌을 나는 극한의 고통이라고 묘사할 수밖에 없다."

된 시체로 발견되었다. 그의 비행기에는 단 하나의 총탄 구멍만 있었다. 2주일 뒤에 영국 왕 조지 5세George V는 볼에게 빅토리아 십자장을 사후 추서했다.

기체 전체를 붉은색으로 칠한 알바트로스 전투기를 따라 '붉은 남작'이라고 불린 폰 리히트호펜은 아무도 그를 격추할 수 없을 것 같았다. 그는 푸어 르 메리트Pour le Mérite(막스 이멜만의 이름을 따 '블루 맥스Blue Max'라고도 불림) 훈장을 1917년 1월에 받고 처음으로 야스타 11의 지휘를 맡았다. 이 비행대에는 서부전선 최고의 에이스들이 즐비했다. 야스타 11은 야스타 4, 6, 10과 합쳐져 독립적인 전투비행단이 되었다. 이른바 '곡예 비행단'이라고 불린 이 비행단은 6월 26일부터 야크트게슈바더Jagdgeschwader 1, 혹은 JG 1이라고 알려지게 된다. 붉은 남작은 1918년 4월 21일에 아마도 앤잭ANZAC군(오스트레일리아, 뉴질랜드 연합군 – 옮긴이)이 발사한 지상 포화를 맞고 격추되어 전사했다. 그때쯤에는 '외로운 늑대'류의 전투기 에이스의 시대는 과거가 된 지 오래되었고 '낭만적인 공중전의 기사'는 소모전의 암울한 실용주의로 대체되었다.

• 포커 아인데커

1914년 전, 안토니 포커는 여러 종의 로터리 엔진 단엽기를 만들었다. 이 가운데 M5K와 M5L은 전쟁 첫 몇 해 동안 어느 정도 성공을 거뒀다. 조잡한 전방 사격장치를 갖춘 가로의 모랑-솔니에 전투기가

1915년 4월, 조잡한 전방 사격장치를 갖춘 가로의 모랑-솔니에 전투기가 노획되자 포커는 M5K 기체에 동조 기어를 시험했다. 그 결과, 1913년에 설계된 허술하고 출력이 약한 단엽기는 오로지 전투 목적으로 만들어진 유명한 1세대 전투기가 되었다.

> **해 질 무렵의 저녁 햇살을 받으며 … 우리 비행기들은 단독으로 혹은 짝을 지어 돌아왔다. 명부를 확인하고 조종사들은 격납고에 모여 아직 돌아오지 않은 사람들을 찾았다. … 빛이 허락하는 동안뿐이었다. … 그들은 모자, 고글과 장갑을 손에 들고 서 있었다. 조종석에서 나왔을 때와 마찬가지 모습이었다.**
>
> - E. 서클링Suckling 중위, 제65 비행대, 영국 항공군단

· 동조 기어

핵심은 포커의 동조 기어였다. 프로펠러에 캠이 달린 축을 장착하고 작동 연결 막대를 통해 발사 레버와 방아쇠를 동조화하면 프로펠러가 총구 앞에 있을 때 총이 발사되지 않는다. 조종사는 총구 앞에 프로펠러가 없으면 발사되도록 조종간에 장착된 버튼을 누르기면 하면 되었다.

첫 E.III 아인데커는 1915년 7월에 제62 펠트플리거 압타일룽 Feldflieger Abteilung(야전비행대대, Fl.Abt.62)에 인도되어 뵐케와 막스 이멜만

이 조종했다. 이멜만은 이 비행기를 타고 8월 1일에 첫 격추 전과를 거뒀다. 영국 항공군단이 사실상 방어무기가 없는 BE.2기를 운용하는 상황에서 E.III은 공중을 완전히 장악했다. 이멜만은 근접 엄호비행보다 공세적 정찰의 개척자가 되었다. 1915년 10월부터 1916년 1월까지 이멜만은 중요한 통신센터 상공을 비행하며 '릴의 독수리'라는 칭호를 얻었고 다섯 번째 격추 전과를 올려 에이스가 되었으며, 일설에 따르면 '이멜만 턴Immelman turn'이라고 불린 유명한 기동을 개발했다고 한다.

폭격기의 도래

(1900~1918)

지평선을 따라 비치는 전략 폭격의 여명

『세계의 위기The World Crisis』에서 윈스턴 처칠은 제1차 세계대전이 시작할 때부터 '언제든 제펠린 비행선 대여섯 대가 폭격을 하러 런던에 도착하거나, 더 심각하게는 채텀Chatham, 울위치Woolwich나 포츠머스Portsmouth를 폭격할 것'이라는 믿음이 널리 퍼졌다고 적었다.

1914년에 독일군은 비행선 30척을 일선에 배치했다. 모두 설계자 페르디난트 폰 제펠린Ferdinand von Zeppelin 백작의 이름을 딴 제펠린식 비행선이었다. 전쟁 내내 이들이 가장 효율적으로 수행한 임무는 해상 정찰이었다. 얼마 후 제펠린은 처음에는 서부전선, 나중에는 영국 본토 폭격 임무에 투입되었다.

1915년 9월 8~9일에 걸쳐 독일 해군 비행선전대의 제펠린이 처음으로 런던을 폭격해 피해를 입혔다. 비행선 L13호는 런던의 원시적인 방공망을 뚫고 들어가 유스턴Euston부터 리버풀 스트리트Liverpool Street까지 폭탄을 투하해 26명이 사망했다. 이 공습과 그 뒤로 벌어진 제펠린 비행선의 런던 공습 때문에 일어난 반독일 폭동으로 상당한 재산 피해가 발생하기도 했다. 전쟁이 끝날 무렵에 독일은 런던을 비행선으로 51회 폭격해 557명이 사망했다.

• 취약한 전쟁 도구

사이즈가 큼에도(1916년에 도입된 '슈퍼 제펠린'의 길이는 198미터였다) 비행선은 취약한 전쟁 도구였다. 비행선은 정확한 항법으로 조종하기 어렵고 소이 탄환으로 무장한 영국 비행군단의 전투기와 날씨에 취약했다. 종전 즈음에 독일군은 제펠린 88대 중 60대를 잃었다. 34대는 악천후로 일어난 사고가 원인이었고, 나머지는 연합군 전투기와 지상 포화에 격추되었다. 하지만 비행선은 사람들에게 강력한 심리적 영향을 미쳤고, 영국은 프랑스에 사용할 자원의 상당량을 방공에 돌려야 했다.

> **"** **나는 공포에 찬성하지 않는다. … 폭탄이 떨어져 노파가 죽는 일은 끔찍하다. … 누군가 런던에서 30군데에 불을 지를 수 있다면 이렇게 작고 끔찍한 일은 더 훌륭하고 강력한 사건 앞에서 자취를 감출 것이다. 우리는 날고 기는 모든 것을 이 도시에 집중해야 한다.**
>
> **- 알프레트 폰 티르피츠Alfred von Tirpitz 대제독, 독일 해군 원양함대 총사령관, 1914년**

· 고타 폭격기

독일 해군의 비행선에 대한 신뢰는 변함없이 굳건했으나 비행선에 대한 환상에서 깨어난 육군은 1917년 5월에 영국 본토의 목표물을 습격할 수 있는 공기보다 비중이 큰 폭격기를 개발했다. 고타Gotha G.IV 폭격기다. 엔진이 두 개인 고타 폭격기의 탑승원은 3명이었다. 항법사와 폭격수를 겸한 관측수가 지휘를 맡아 기수에 볼록하게 나온 '연단'에 자리잡았다. 최대 폭탄 탑재량은 500킬로그램(1,100파운드)이었고 폭탄은 기체 내부 혹은 외부에 탑재했다. 고타 폭격기는 1917년 5월 25일의 포크스턴Folkestone항 공격을 시작으로 6월 13일과 7월 7일에 극적인 런던 주간폭격을 벌였다.

폭격을 당한 영국 국민들은 자국의 방공망에 격분했고, 방공망이 재빨리 개선되자 고타 폭격기는 밤에 폭격할 수밖에 없었다. 종전까지 영국 본토 작전에서 고타 폭격기 60대를 잃었다. 이 가운데 24기는 격추되거나 바다에서 실종되었다. 고타의 후계기는 엔진을 4개 장비한 슈타켄Staaken R형(R은 거인기라는 뜻의 리젠플루크초이겐Riesenflugzeugen의 앞글자)이었으며 잉글랜드 상공의 방공전에서 상실한 R형은 없었다.

독일의 런던 공습으로 자극받은 영국도 전략폭격부대를 창설했다. 1918년 봄에 선보인 이 부대는 프랑스에 있던 초창기의 영국 공군(RAF)과는 별개 부대로 독일 산업시설 폭격 임무를 맡았다. 이 부대의 주력기는 핸들리 페이지 O/400 폭격기로 최대 폭탄 탑재량 907킬로그램(2,000파운드), 최고속력 시속 95마일(시속 152킬로미터), 작전상승고도 2,590미터(8,500피트)였다. 악천후 그리고 이들에 전술 역할을 부여하자는 요구 탓에 O/400 폭격기의 독일 군수공장 폭격은 몇 번에 그쳤다.

전쟁이 끝나갈 무렵, 영국은 핸들리 페이지 V/1500 거인 폭격기를 실전에 투입해 베를린에 '테러 공격'을 하고자 각고의 노력을 기울였다. 그러나 날개 폭 38.5미터(126피트)에 단거리 비행 시 폭탄 2,994킬로그램(6,600파운드)를 탑재할 수 있던 이 4발 폭격기는 독일 폭격에 나서지 못했다.

“ 폭탄창 사이로 들어오는 창백하게 깜박이는 불빛 사이로 투하장치에 매달린 폭탄들이 보였다. 한 줄로 매달린 배를 보는 것 같았다.”

- 에른스트 레만Ernst Lehmann 대위, 제펠린 비행선 LZ12 지휘관

· L33 슈퍼 제펠린

L33은 R형 슈퍼 제펠린 가운데 네 번째 비행선으로 1916년 9월 2일에 취역했다. 240마력의 마이바흐Maybach 엔진 6개를 장착한 이 비행선은 최고시속 63마일(시속 101킬로미터), 순항 항속거리 2,300마일(3,700킬로미터)이었다. 거대한 유선형 동체의 길이는 196미터(645피트)였고 내부에는 부양용 가스가 든 셀이 19개 있었다. 각 셀은 동체를 횡단하는 고리(가장 큰 고리의 직경은 23.9미터/78피트 6인치)로 분리했으

며 10미터(33피트) 간격으로 단단히 고정해 장착했다. 가스 셀의 경량화와 기밀성은 안쪽에 소의 내장을 감싸는 섬세한 막인 골드비터 스킨goldbeater's skin을 입혀서 충족했다. L33의 가스 셀 하나당 골드비터 스킨 5만 장이 필요했다.

L33의 폭탄 탑재량은 5톤 정도였다. 그러나 통상적으로 272킬로그램(600파운드) 폭탄 4개, 58킬로그램(128파운드) 폭탄 40개와 11킬로그램(25파운드) 소이탄을 탑재했다. 폭탄은 비행선 가운데에 있는 폭탄대에 수직으로 매달았다. 조종 곤돌라에는 예나Jena의 칼 자이스Carl Zeiss 사가 만든 조준경을 장착했다. 바람에 노출되어 살을 에듯 추운 유선형 동체의 상부 외곽에 총좌가 두 개 있었다. 조종 곤돌라 기수 쪽 18미터 위에 있는 주 총좌에는 철갑탄과 폭발탄을 섞어 쏘는 8밀리미터(0.3인치) 맥심-노르덴펠트Maxim-Nordenfeld 기관총이 있었다. 이 기관총들은 작

공격받는 제펠린

나는 폭격 성공을 보고하는 전문을 무전으로 보낸 다음 내 위치로 돌아왔다. … 밝은 빛이 곤돌라 안을 가득 채웠다. … 600피트짜리 비행선을 채운 수소가 눈 깜짝할 새 활활 타고 있었다. 빨리 죽는 게 최상이었다. 산 채로 타 죽는 건 끔찍했다. … 그때 무시무시한 떨림이 불타는 골조를 타고 전해졌고 비행선은 총 맞은 말이 뛰어오르듯 경련을 일으켰다. 곤돌라 지지대가 탁 소리를 내며 부러졌고 골조가 연달아 무너지며 큰 유리창처럼 부서졌다. … 눈을 떠 불바다에 휩싸인 나 자신을 보며 공포감에 전율했던 게 기억난다.

- 오토 미스Otto Mieth L48 부장, 1917년 6월 16/17일에 격추된 L48의 생존자 3명 중 1명

전 상승고도인 5,181미터(1만 7,000피트)에서 냉각수가 얼어붙지 않도록 사용하지 않을 때는 천으로 감싸두었다. 조종 곤돌라와 후부엔진 곤돌라에도 추가로 기관총을 달았다.

탑승원 22명은 고공 멀미와 지독한 추위로 인한 고통을 참고 지내는 법을 배웠다. 조종 곤돌라의 온도가 빙점 위로 올라가는 경우는 드물었고 모피를 덧댄 방한복을 여러 겹 겹쳐 입고서도 오버올 안에 신문지를 끼워 넣어 방한 기능을 보강해야 했다. 화학반응으로 데운 통조림에 든 뜨거운 음식이 그나마 위안이 되었다.

하지만 제펠린의 엄청난 크기는 취약성을 가리지 못했다. L33은 1916년 9월 24일 한밤중에 런던 상공에서 대공포화에 손상된 다음 블랙워터 삼각주Blackwater estuary에 추락했다.

현대적 전차

(1914~1918)

참호를 건너 험지를 주파하는 전투 차량

1916년경, 서로에게 쏟아부은 파괴적인 방어 화력 때문에 서부전선이 교착 상태에 빠지자 연합군과 독일군은 철조망을 뚫고 평탄하지 않은 지형을 건너 적에게 정확하게 직사 사격할 수 있는 장갑 돌파 차량의 도입을 급박하게 모색했다.

해답은 전쟁이 발발하고 겨우 두 달이 지난 1914년 10월부터 이미 가까운 곳에 있었다. 어니스트 스윈턴Ernest Swinton 소령(나중에 대령)은 영국군 최고사령부British General Headquarters(GHQ)와 접촉해 전쟁 전에 개발된 강철 궤도식 홀트Holt 농업 트랙터를 장갑차량으로 개조하자는 제안을 제출했다. 그는 대포와 기관총으로 무장하고 장갑을 두른 이 상자형 차량이 무인 지대를 횡단하고 진로를 방해하는 참호를 건너 적의 포좌가 있는 곳까지 돌파하는 동시에 화력을 이용해 전장을 지배할 능력을 가질 것이라고 주장했다.

• 소소한 문제들

최고사령부는 이 제안에 그다지 흥미를 보이지 않았지만, 스윈턴의 계획은 제1 해군경 윈스턴 처칠이라는 지원군을 얻었다. 1914년 가을, 영국 해군항공대Royal Naval Air Service(RNAS)는 북프랑스에서 장갑차량을 운용해 어느 정도 성과를 거뒀으나 독일군이 도로를 가로질러 파 놓은 참호 때문에 운용에 지장을 받았다. 해군성이 연구하여 내놓은 해법은 스윈턴의 제안과 일치했고, 이는 1915년 2월 해군성 육상선박 위원회Admiralty Landship Committee의 설립으로 이어졌다.

1916년 초에 시제품 전차인 '빅 윌리'는 하트필드 파크Hartfield Park에서 성공적으로 시험을 마쳤다. 영국군 수뇌부 일부는 아직도 전차에 회의적이었으나 1915년 12월부터 영국 유럽원정군(BEF)의 지휘를 맡은 더글러스 헤이그Sir Douglas Haig 장군은 이 기계를 최대한 빨리 사용하기를 간절히 원했다. 신무기에는 '탱크Tank'라는 암호명이 붙었는데, 대포를 장착하지 않으면 물을 나르는 용기처럼 보였기 때문이다.

• 전투에 투입되다

1916년 2월, 스윈턴 대령은 전쟁위원회War Committee에 전차는 '축차투입'되면 안 되며 8킬로미터 전선에서 보병, 독가스, 연막과 더불어 대규모 '통합 작전'에 사용해야 한다고 촉구하는 보고서를 제출했다. 그러나 1916년 9월 15일 솜에서 처음으로 실전에 전차가 투입되었

리틀 윌리, 빅 윌리

최초의 전차를 설계하고 만든 두 공로자는 링컨의 포스터즈Fosters 공장 지배인 윌리엄 트리턴William Tritton과 월터 윌슨Walter Wilson 해군 예비역 대위다. 1914년 전에 윌슨은 기어장치가 전공인 발동기 기술자였다. 두 사람은 여러 실험적 설계를 가지고 작업했다. 트리턴은 큰 바퀴가 달린 거대한 참호 돌파용 차량을 만들어냈다. 그와 윌슨은 '리틀 윌리Little Willie'로 알려진 링컨 1호기Lincoln No.1를 제작했는데 이 차량은 미국 불럭Bullock사의 '크리핑 그립Creeping Grip' 궤도장치로 움직였다. 이런 차량들이 비실용적이라는 것이 증명되자 트리턴은 더 믿을 만한 대체 차량을 고안했다. 리틀 윌리의 후계자인 마름모꼴의 '빅 윌리Big Willie'는 대부분 윌슨이 설계한 작품이다. 이 차량은 제1차 세계대전 때 실전 투입이 가능한 첫 전차가 되었다.

을 때, 출발점에 도착한 마크 I 전차 32대는 전술적 배치 문제뿐 아니라 기계적 취약성과 짧은 항속거리의 희생양이 되었다. 32대 중 9대가 지원 보병과 함께 서서히 전진해 참호선을 건너 적 보병, 기관총과 교전했지만, 13대는 기계 고장으로 주저앉거나 진창에 빠졌고, 10대는 적의 포화에 심하게 파손되었다.

1917년 4월, 아라스에서는 끔찍한 날씨에 고작 60대의 전차만 공격에 투입되었고, 거의 모두가 진창에 빠지거나 고장 나거나 적의 포화에 행동 불능이 되었다. 같은 달에 첫 전차 공격을 한 프랑스군도 영국군과 비슷한 좌절을 겪었다. 1917년 6월, 마크 IV형 전차가 메시느 능선Messines Ridge에서 전투에 도입되어 평탄하지는 않으나 마른 지형에서 보병을 압도했다. 비로 흠뻑 젖은 1917년 가을, 파스샹달(3차 이프르 전투)에서는 진흙 바다가 새로 편성된 전차군단Tank corps의 마크 IV 전차를 집어 삼켜버렸다. 전차는 1917년 11월의 캉브레 전투 때부터 비로소 효과적으로 이용되었다. 캉브레는 수량, 조건, 전술 면에서 전차에 유리한 전투였고, 훗날 전차가 만날 기회를 아주 살짝 보여주었다.

• 마크 IV 전차

마크 IV 전차Mark IV Tank는 마크 I과 마찬가지로 마름모 비슷한 형태에 차체 전체를 감아 돌아가는 궤도를 터비했으나 개선된 라디에이터와 소음기를 장착했고, 궤도를 압연 강철로 만들어서 접지력이 더 좋았다. 다만 이 궤도는 약 32킬로미터까지만 제대로 굴러갔다. 12밀리미터(0.5인치) 두께의 장갑 방어력은 전 모델보다 개선되어 철갑총탄armor-piercing bullet, 徹甲銃彈(장갑판을 관통할 수 있도록 합금 등으로 강화한 탄자를 가진 총탄—옮긴이)에 유효했다. 하지만 마크 IV 전차는 독일 포병에 여전히 취약했기 때문에 전차 대부분이 격파되었다.

마크 IV 전차는 6기통 다임러Daimler 엔진을 탑재해 최대 시속이 6.4킬로미터였다. 이른바 '수컷male' 전차는 주무장으로 6파운드 포 2문을 차체 측면에 돌출된 고정포탑에 탑재했으며, 부무장으로 .303 루이스 기관총을 장착했다. 이른바 '암컷female' 전차는 .303 루이스 기관총 6정을 탑재했다. 29톤에 이르는 수컷 전차는 암컷 전차보다 2톤 더 무거웠다.

전차 탑승원은 8명이었고 그중 4명이 운전을 담당했다. 실전에서 마크 IV 전차의 내부는 소음과 열로 가득한 불지옥이었다. 현가장치suspension가 없었으므로 살짝 무엇에 찧거나 부딪히면 충격이 몇 배로 증폭되었고 탑승원들이 뜨거운 엔진으로 내동댕이쳐질 위험이 상존했다. 전차가 피탄되면 뜨거운 철 조각이 사방으로 날아다녔고 장갑판이 총탄을 맞으면 탑승원들은 제철소 직원들처럼 흩날리는 뜨거운 금속에 노출될 위험이 있었다. 탑승원들은 눈을 보호하기 위해 얼굴 마스크를 썼다.

> … 끔찍하게 소음이 심하고 기름투성이에 덥고 환기가 안 되는 데다 덜컹거린다! 스프링이 없어서 충격이 전혀 완화되지 못했는데 무게는 30톤이다. 뭔가 살짝 찧거나 부딪히면 충격이 증폭되었고 갑작스러운 움직임에 탑승원들은 이리저리 날아가 화상을 입었다. 한 탑승원은 본능적으로 손잡이를 잡았다가 뜨거운 엔진에 화상을 입었다.
>
> - 조지 해슬George Hassell 대위, 캉브레 전투 참전자, 제국전쟁박물관Imperial War Museum 문서고

마크 IV 전차는 전면에 나뭇단을 사슬로 묶어 싣고 다녔다. 길이 3미터에 직경 1.4미터인 나뭇단을 참호에 투하한 후 전차가 건너갔다. 이른바 '올챙이 꼬리tadpole tail'라 부른, 연철로 만든 바퀴 연장부가 참호를 건널 때 보조 기능을 했는데, 이것을 장착하면 전차가 횡단할 수 있

는 폭이 3미터에서 4.3미터로 넓어졌다.

1917년 11월, 캉브레에서 힌덴부르크 선Hindenburg line(1916~1918년에 독일군이 벨기에에서 프랑스 중남부까지 설치한 방어선—옮긴이)에 대한 공격에서 마크 IV형 전차가 처음으로 전술적 성공을 맛보았다. 전차 378대가 9개 대대에 집중배치되었고 여기에 더해 썰매를 단 보급 전차 54대가 있었으며 기병대가 움직일 공간을 만들기 위해 철조망을 끌어당기는 네 갈고리 닻grapnel을 단 전차 32대, 가교장치를 장착한 전차 2대와 무전기를 단 전차 5대가 있었다. 전차 전투를 위해 새 전술이 고안되었다. 전차들은 3대로 편성된 소대로 등변삼각형 대형을 지어 우르릉거리며 전진했고, 뒤의 두 대 뒤에는 '장사진'을 친 보병이 뒤따랐다.

장시간의 준비 포격이 없었던 이 공격에 독일군은 깜짝 놀랐고 힌덴부르크 선에는 10킬로미터의 틈새가 생겼다. 다음 날 런던에서 처음으로 모든 교회가 지상전의 승리를 축하하는 종을 울렸다. 하지만 이 돌파는 성공적으로 활용되지 못했고, 획득했던 땅 대부분을 독일군의 반격에 상실했다.

(Chapter 7)

제2차 세계대전

32 · Blitzkrieg

전격전

(1918~1945)

신속한 기동과 기습으로 돌파구를 열다

마케도니아의 알렉산드로스 대왕부터 스웨덴의 구스타부스 아돌푸스, 그리고 오토 폰 비스마르크Otto von Bismarck까지 위대한 지휘관들은 생각이 느리고 행동이 굼뜬 적을 신속하고 치명적으로 공격한다는 대단히 귀중한 능력을 갖췄다. 20세기 중반, 잘 융합된 두 가지 요소, 즉 기갑과 항공이 전장에 도입되면서 오랜 역사를 가진 한 가지 전술 요소의 효율성을 새롭게 과시할 기회가 찾아왔다.

제1차 세계대전이 끝난 다음 군사 이론가들은 기계화전 교리 개발에 매달렸다. 참호전의 교착 상태를 피하고 전장에서 기동과 이동을 회복하는 것이 목표였다. 처음에는 느리게 진척되었다. 장갑전투차량armored fighting vehicle(AFV)의 기계적 신뢰성이 낮다는 것이 한 이유였고, 군 고위층이 기병대를 여전히 높이 평가하고 있었다는 것이 또 다른 이유였다.

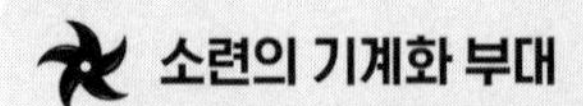

소련의 기계화 부대

1930년대에 들어 대규모 기갑부대 편제와 개발의 선두 주자였던 소련은 기계화 군단mechanized corps을 다수 창설했다. 이는 이오시프 스탈린Josef Stalin의 참모총장이었던 M. N. 투하체프스키 원수가 창안해낸 급진적 작전 변화에 힘입은 바가 크다. 투하체프스키는 보병 지원용 중전차와 후방까지 적의 방어를 돌파할 목적으로 설계한 '기병' 전차를 만들어냈다. 그러나 투하체프스키는 스탈린의 총애를 잃고 1937년 붉은 군대 숙군 과정에서 처형되었다. 그가 만든 기계화 군단도 해체되었다.

· 전격전

독일에서는 아돌프 히틀러가 베르사유 조약을 파기하고 1935년 3월에 재무장 정책 채택을 전 세계에 발표하면서 기계화전에 대한 새 접근법이 모습을 드러냈다. 이 접근법은 한편으로 소련군의 투하체프스키Tukhachevsky 원수의 이론과 닮았고, 다른 편으로는 영국 군사평론가이자 제1차 세계대전의 전차전 전문가 J. F. C 풀러Fuller의 저술을 많이 차용했다. 이렇게 탄생한 새로운 전쟁방식은 일반적으로 전격전Blitzkrieg이라고 불린다. 이 용어는 제2차 세계대전 전에 서구 언론매체, 특히 1939년 6월 14일자 『타임스Times』지에서 시작된 것으로 보인다.

전격전 교리의 아버지는 많으나 고대부터 내려온 통찰에 현대 기술을 응용하는 데 가장 큰 공로를 세운 사람은 하인츠 구데리안Heinz Guderian 대령(나중에 장군)이다. 통신과 차량 수송 전문가였던 구데리안은

1937년에 후대에 영향력을 끼친 『전차에 주의하라!Achtung Panzer!』를 출간했는데 이 책에서 그는 자신이 품은 아이디어의 개요를 그렸다.

구데리안의 목표는 적과 정면에서 교전해 압도적인 화력으로 격파하는 것이 아니라, 신속히 적의 지휘 통제체계를 혼란에 빠뜨리는 것이었다. 고속으로 기동하며 무전기로 서로 협력하는 독립적인 기계화 제대가 전장에서 가장 중요한 한 점, 즉 '중점schwerpunkt'을 공격해 돌파구를 연다. 이 부대들은 적의 방어선을 뚫고 후방 깊숙이 침투하며, 뒤에 따라오는 보병은 살아남은 적을 여러 개의 포위망에 나눠 가둔다. 첫 돌파 단계에서 가장 중요한 요소는 공중 포병으로서 루프트바페 Luftwaffe(독일 공군)의 수평 및 급강하 폭격기를 이용한다.

> **"모든 것은 군사 지도자들의 손에 놓였다. 나는 독일 병사로 무엇이든 할 수 있다. 단, 지휘관이 훌륭하다는 전제하에서 그러하다."**
>
> **- 아돌프 히틀러, 1939년 11월 23일**

이 모든 요소는 1940년 초여름에 프랑스군과 영국 대륙원정군(BEF)을 6주 만에 격파한 사건에서 잘 드러났다. 속력과 기습이 핵심 요소였다. 프랑스와 영국군은 독일군이 네덜란드와 벨기에를 거쳐 북프랑스로 진공한다는 1914년의 슐리펜 계획을 반복할 것이라고 생각했다. 실제로 이것이 독일군의 원래 의도였다. 그러나 독일 침공과 폴란드 패배후 6개월 동안 계획을 근본적으로 바꾸었다. 최대 압박, 즉 중점을 북쪽이 아닌 산지에 숲이 울창한 아르덴Ardenne을 관통해 남쪽에 가하기로 계획했다. 영국과 프랑스는 이 지역에서 '전차를 기동할 수 없다고 생각했다. 독일군은 돌파가 불가능하다고 여겨지는 국경의 고정 요새선인 마지노선Maginot line을 정면으로 공격하지 않고 우회한 다음 고립시킬 심산이었다.

1940년 5월 10일, 독일은 네덜란드와 벨기에를 침공해 프랑스 국경 뒤에서 3개 집단군으로 전개한 영국과 프랑스군을 붙들어 놓았다. 여기에 속은 영불연합군이 북쪽으로 시선을 돌린 사이 독일군 전차들이 아르덴을 돌파했다. 5월 13일, 독일군 항공기 약 700대가 뫼즈Meuse강에 면한 스당Sedan 상공에서 작전하고 있었다. 이 중 200대는 역갈매기형 날개를 가진 Ju 87 슈투카Stuka 급강하폭격기였다. 이들은 방어하는 프랑스군에 심한 타격을 입히고 뫼즈강을 건너갈 독일군 보병부대를 위한 교두보를 확보했다. 이날이 끝날 무렵, 독일 기갑부대는 뫼즈강을

전장의 전차

1940년 봄, 독일 육군의 기갑사단 10개 전부와 기계화 보병사단 6개 전부는 보병사단 118개와 더불어 서부전선에 전개했다. 영국군이나 프랑스군과 대조적인 전개였다. 영국과 프랑스군의 전차는 기술적으로나 수적으로나 독일군에 우세했으나 역할이 보병부대 지원으로 한정되었다.

건너 사기가 떨어져 포를 버리고 하늘에 슈투카가 나타날 때마다 소총을 땅에 던지는 프랑스군 무리를 지나쳐 갔다. 북쪽을 휩쓸고 간 독일군은 됭케르크Dunkirk항 주변에 포위망을 형성해 영국과 프랑스군 상당수를 가두었다. 이 포위망에서 6월 4일까지 34만 명(그중 22만 5,000명이 영국군)이 철수했다. 전투는 6월 25일에 멈췄지만 독일군 전차가 뫼즈강을 건넜을 때 프랑스 전투는 이미 독일군의 승리로 끝난 것이나 마찬가지였다.

1941년 여름, 바르바로사 작전Operation Barbarossa이라고 알려진 독일의 소련 침공에서 소련의 붉은 군대도 같은 운명을 겪었다. 소련군은 '가마솥' 전투라는 별명으로 불린 몇 개의 대규모 포위전을 거치며 전멸 직전까지 갔다. 3개의 '가마솥'에서 100만 명이 포로로 잡혔다. 하지만 전격전이 최종적으로 승리하는 데 동부전선의 여러 조건이 훼방

3호 전차

탑승원이 5명인 3호 전차는 약 350대가 프랑스 전투에서 싸웠다. 1930년대 중반에 독일군의 주력 전투전차(Pz.kpf)로 설계된 이 전차는 처음에는 이미 상당량이 생산된 37밀리미터(1.5인치) 포로 무장했다. 다만 포탑링turret ring은 필요 시 50밀리미터(1.96인치) 포를 단 포탑을 탑재할 수 있을 정도로 넓게 만들라는 조건이 붙었다. 1940년에 더 두꺼운 장갑을 갖춘 프랑스군과 영국군 전차와 마주치자 3호 전차는 42구경장 50밀리미터 포를 장비했으나 1941년에 소련군의 T-34 전차에 고전을 면치 못했다. 1942년에 3호 전차는 상당히 무거워졌고 설계 당시 예상된 발전 가능성의 한계에 봉착했다. 이 전차는 1943년에 생산이 종료될 때까지 약 5,500대가 만들어졌다.

을 놓았다. 소련 땅의 광대한 크기, 영하의 겨울 날씨와 봄, 가을의 진창 같은 극단적인 기후, 끝이 없어 보이는 인적자원 공급은 동부전선에 전개한 독일군의 힘을 빼버렸다. 1941년 12월에 참전한 미국은 소련 군대와 민간인을 무장시키고 먹여 살리는 데 중대한 역할을 했다. 그동안 다시 기력을 회복한 붉은 군대는 영토를 내주며 시간을 버는 법을 배워 히틀러를 점점 소모전의 늪으로 끌어들였다. 이중 가장 특기할 만한 전투로 스탈린그라드 전투(1942년 8월~1943년 2월)와 쿠르스크 전투(1943년 7~8월)가 있다. 이 전투에서 전격전의 기본 원칙, 즉 기습, 충격, 기동은 소련 여름의 흙먼지처럼 날아가버렸다.

레이더

(1935~1941)

전투기 조종사들의 믿을 만한 눈

1940년에 프랑스를 함락한 독일군은 북프랑스 해안에 도착했고 아무도 이들을 막을 수 없어 보였다. 아돌프 히틀러는 남부 잉글랜드 상륙을 고려하고 있었지만, 바다사자Sealion라는 암호명이 붙은 이 작전에 그 자신도, 최고사령부의 그 누구도 진정한 열의를 보이지 않았다.

바다사자 작전의 성공은 루프트바페가 영국 공군의 전투기 사령부를 분쇄할 수 있느냐에 달렸다. 히틀러의 지휘관 중 루프트바페 사령관 헤르만 괴링Hermann Göring만이 자신감에 가득 차 있었다. 괴링은 남부 잉글랜드에서 영국 공군을 제거하는 데 단 나흘이 걸릴 것이라고 추산했다.

하지만 양측 모두 프랑스 전투에서 입은 상처를 핥는 중이었다. 6주간의 전투에서 영국 공군은 호커 허리케인Hawker Hurricane 386대와 슈퍼마린 스핏파이어Supermarine Spitfire 전투기 67대를 포함해 비행기 944대를 잃었다. 이것은 덩케르크 철수작전에서 입은 손해를 제한 수치다. 영국 공군은 전사자, 실종자, 부상자, 포로를 포함해 조종사 350명을 잃었다. 루프트바페의 손실도 결코 가볍지 않았다. 1940년 5~6월에 루프트바페는 항공기 1,100대를 작전 중에 잃었다. 영국 본토 항공전이 시작된 지 열흘이 지난 7월 20일경, 영국 공군 전투기 사령부는 작전 가능한 비행기 531대를 배치했고 이에 대해 루프트바페는 괴링이 지휘하는 이 전역을 맡은 3개 항공함대air fleet에 작전 가능한 전투기 725대와 전투 준비가 완료된 폭격기 1,289대를 배치했다.

· 체인 홈

하지만 영국은 남서쪽의 랜즈엔드Land's end부터 북동쪽의 뉴캐슬Newcastle에 이르는 해안선에 세운 30개의 레이더 기지로 구성된 '체인 홈Chain Home' 시스템이라는 중요한 이점을 누렸다. 전파 방향 거리 탐지(장치)radio direction and ranging의 미국식 약어인 레이더는 영국에서는 RDF(radio direction finding, 전파방향탐지)라고 알려졌다. 레이더는 송출된 전파에너지 펄스가 목표물에 맞아 반사될 때의 에너지를 탐지하는 방식으로 작동한다. 펄스의 속도는 이미 알고 있으므로 송출과 수신 사이의 시간을 측정하면 레이더 조작원이 목표물까지의 거리를 계산할 수 있다.

1930년대에 이 시스템은 영국, 프랑스, 독일과 미국에서 독립적으로 개발되었으나 오직 영국만이 레이더를 방공에 집중적으로 활용했다. 체인 홈 기지에서 온 보고는 벤틀리 프라이어리Bently Priory에 있는 전투기 사령부로 피드백되었다. 이 보고들은 해안과 내륙의 관측초소에서 오는 정보와 교차 검증되었고, '걸러진' 결과는 전투기 사령부 소속 전투비행단과 구역 기지Sector Station(주 기지)로 전송되었다. 요격 관제사들은 레이더 관측과 적 편대의 항로를 지도에 그리기까지 6분의 시간 차이가 있음을 감안해 요격 비행대를 배정했고 비행대는 다가오는 적기를 향해 긴급 출격했다. 개전 후 10개월 동안 루프트바페는 영국 제도로 정기적으로 정찰기를 보내 연안 운송 선박을 공격했다. 영국 공군은 여기에 대응하는 과정에서 레이더 요격시스템을 발전시켜 상당한 효율성을 발휘했다.

1940년 7월 초부터 루프트바페는 영국의 항공기 공장, 전투기 사령부 구역기지와 영국 공군의 해안 레이더 체인으로 목표물을 이리저리 바꾸는 치명적 실수를 저질렀다. 독일군은 레이더의 중요성을 지나치게 과소평가했다. 벤트노어Ventnor 기지는 공격을 받아 11일간 가동을 중단했다. 같이 공격받은 도버Dover, 라이Rye, 페븐시Pavensey 기지는 곧 가동을 재개했고, 영국군은 벤트노어 기지가 레이더 체인에 없다는 사실을 루프트바페의 정보망이 감지하지 못하도록 효율적으로 은폐했다. 루프트바페는 레이더 체인에 대한 공격을 멈추었다.

벤틀리 프라이어리의 작전

벤틀리 프라이어리의 작전실에는 그리드 시스템이 그려진 영국 지도가 큰 테이블 위에 놓여 있었습니다. 우리는 각각 특정 구역에 배정받아 항로를 그렸죠. 우리는 비행단 작전실로부터 헤드폰을 통해 받은 정보를 테이블 위에 표시했습니다. 헤드폰을 통해 첫 습격 통고를 받으면 우리는 일어서서 'X 습격!'이라고 큰 소리로 말해 모두의 주의를 환기하곤 했어요.

- 어설라 로버트슨Ursula Robertson 일병, 벤틀리 프라이어리 전투기 사령부 작도 담당, 『데일리 텔레그래프Daily Telegraph』, 1990년 영국 본토 항공전 기사

• 암흑의 목요일

8월 15일, 루프트바페가 영국 공군을 도발해 결정적 승리를 거두기 위해 독수리라는 암호명이 붙은 격심한 공격을 개시하면서 영국 본토 항공전이 한 단계 더 확대되었다. 이른바 '암흑의 목요일Black Thursday'에 루프트바페는 비행기 72대를 잃었다. 열흘 뒤, 영국 공군 폭격기 사령부가 처음으로 베를린 공습에 나섰다. 이에 대한 보복으로 히틀러는 런던 폭격을 허가했고 9월 7일에 공습이 개시되었다. 9월 15일, 다수의 호위 전투기를 동반한 독일 폭격기대가 300대에 달하는 영국 전투기를 향해 2차에 걸쳐 날아들면서 영국 수도 상공에서 전투가 벌어졌다. 루프트바페는 공중 우세를 확보하는 데 실패했다. 히틀러는 결국 10월 12일에 바다사자 작전을 무기한 연기하라고 명령했다. 그다음부터 영국 도시에 대한 폭격은 밤에만 이루어졌다.

• 호커 허리케인

대중의 상상 속에서 허리케인 전투기는 슈퍼마린 스핏파이어 전투기의 그늘에 가리는 경우가 많다. 하지만 전투 비행대의 전투기 중 60퍼센트를 차지한 이 튼튼한 전투기는 영국 본토 항공전의 주역을 맡았다. 전투기 사령부의 최고 전과를 올린 전투 비행대인 제303비행대는 허리케인을 운용하며 126과 1/2대라는 격추 전과를 올렸다(1/2대 격추 전과는 다른 조종사와 달성한 공동 전과다).

> **[영국 본토] 항공전에서 우리는 우리 눈에 의지해야 했다. 영국 전투기 조종사들은 우리 눈보다 더 믿을 만하고 더 멀리 보는 레이더라는 눈에 의지했다.**
>
> **- 아돌프 갈란트Adolf Galland 중장, 영국 본토 항공전 당시 루프트바페 III/JG.26(제26전투비행단 제3비행전대) 대장. 회고록 『처음과 마지막The First and The Last』, 1955년**

시드니 캠 경Sir Sydney Camm이 설계한 허리케인은 영국 공군의 첫 단엽 전투기이자 처음으로 시속 483킬로미터를 넘은 비행기다. 허리케인은 1935년 11월에 처음으로 비행했고 1937년부터 일선에 배치되었다. 이 비행기는 다루기 간편하고 매우 튼튼했다. 천으로 덮인 동체와 고정피치 2엽 프로펠러는 구시대적으로 보일지 모르나 단엽 설계, 인입식 착륙장치와 롤스로이스 멀린Rolls Royce Merlin 엔진은 최첨단 기술의 결정체였다. 8정의 .303인치(7.7밀리미터) 브라우닝 기관총이라는 혁명적인 무장도 마찬가지였다. 허리케인은 조종하기 수월했고, 큰 전투 손상을 감내할 수 있었으며, 주문도 받기 전에 1,000대를 생산할 수 있는 설비를 설치한 호커사 경영진의 혜안 덕분에 전쟁이 시작되었을 때 충분한 수량을 보유할 수 있었다. 1939년 9월까지 500기의 허리케인이 영국 공군 전투기 사령부에 인도되었다.

"—— 이륙하는 허리케인 비행대를 보면 우리가 질 수 없다는 것을 알았습니다.

- E. H. '배셔' 검브릴E. H. 'Basher' Gumbrill, 영국 공군 제111비행대 무장사,
『데일리 텔레그래프』, 1990년 영국 본토 항공전 기사

영국 본토 항공전에서 허리케인은 다른 전투기 전부와 대공포가 격추한 비행기를 합친 것보다 더 많은 수의 적기를 격추했다. 더 빠른 스핏파이어가 폭격대 상공에서 엄호 비행을 하던 Bf-109 단발 전투기와 교전하는 동안 허리케인은 루프트바페의 폭격기와 쌍발엔진의 Bf-110 호위 전투기를 맡았다. 공격의 선봉 역할로 설계된 중무장한 Bf-110 전투기는 여러 면에서 허리케인보다 기술적으로 진보한 전투기였으나 실전에서는 상대가 되지 않았고 결국 자기 자신이 엄호 전투기를 동반해야 하는 불명예를 겪었다.

널찍한 조종석과 사방이 잘 보이는 시야, 넓은 폭으로 배치된 착륙장치와 반응이 좋은 비행 특성, 믿을 만한 엔진과 유압장치를 갖춘 허리케인은 훌륭한 비행기이자 진정한 조종사의 비행기였으며 정비한 사람이나 비행한 사람 모두의 애정과 존경을 받았다.

전쟁 내내 허리케인은 여러 번 개량되었고 특히 무장이 개선되었다. 그리고 무장상선이나 항공모함에서 캐터펄트로 발진시킬 수 있는 시 허리케인Sea Hurricane으로도 생산되었다.

전략폭격

(1921~1945)

머리부터 발끝까지 파괴해 굴복시키다

제1차 세계대전 때는 1915~1918년에 제펠린 비행선이 런던을 폭격해 대중의 분노를 샀으나 폭격만 전담한 항공기가 수행한 역할은 미미했다. 1920년대에 이탈리아 비행사 줄리오 두에Giulio Douhet 장군과 미국의 윌리엄 미첼William Mitchell 장군은 항공 전력의 사도가 되었다. 두에는 미래의 전쟁에서는 하늘을 지배해 산업시설을 폭격하여 적을 굴복시키는 국가가 승리한다고 주장했다.

열렬한 장거리 폭격 옹호론자였던 미첼은 1930년에 "공군으로 한 도시를 폭격하겠다고 위협하는 것만으로도 도시가 소개되고 공장은 모든 조업을 중단할 것이다"라고 말했다. 1930년대가 되자 폭격의 위협이 유럽 전역에 긴 그림자를 드리웠다. 당시에는 런던에 '결정적 타격'을 가하면 24시간 내에 최대 10만 명이 사망할 것이라는 우려도 존재했다.

" 간단히 말해 죽음과 파괴가 눈앞에서 어른거리는 악몽이 계속되는 한 정상적 삶은 불가능하다."

- 줄리오 두에 장군, 『하늘의 지배The Command of Air』, 1921년

• 공습

전쟁이 벌어지자 묵시록에나 나올 법한 참상은 피할 수 있었으나 1940년 9월부터 1941년 5월까지 영국 각 도시에 독일군이 가한 공습으로 민간인 4만 명이 사망했고 가옥이 100만 채 이상이 파괴되었다. 그러나 영국 국민의 사기는 꺾이지 않았고 산업생산에도 큰 지장은 없었다. 영국 공습에 사용된 루프트바페의 쌍발폭격기는 런던과 영국의 산업 생산 중심지를 초토화할 정도로 폭탄을 탑재하지 못했다. 영국 공군 폭격기사령부Bomber Command 역시 폭격만으로 전쟁에서 이길 수 있는 처지는 아니었다. 전쟁 초 몇 달 동안 독일 전투기 때문에 큰 손실을 본 폭격기사령부는 주간폭격을 중단했다. 그 후로 2년간 쌍발이던 영국 공군 폭격기들은 등화관제가 실시된 유럽 상공을 더듬더듬 날아가며 폭격했다. 달빛이 밝은 날에도 영국군 폭격기들은 목표물에서 몇 마일 떨어진 곳에 폭탄을 투하했다.

• 중폭격기

그러나 폭격작전은 영국이 나치 독일을 직접 공격할 수 있는 유일한 방법이었다. 전보다 고도화된 항법 보조장비를 갖춘 4발 폭격기(쇼트

스털링Short Stirling, 핸들리 페이지 핼리팩스Handley Page Halifax, 아브로 랭카스터Avro Langcaster)가 대량으로 일선에 도입되면서 상황이 개선되었다. 이들의 도입은 폭격기사령부의 정책 변화와 때를 같이했다. 폭격기사령부는 간간이, 극적인 방법으로 특정 목표에 대한 정밀폭격을 유지했으나 이제 폭탄 대부분은 '지역'을 목표로 삼아 떨어지게 되었다. 폭격기사령부가 독일의 군수공장을 파괴할 수는 없어도 노동자들이 사는 곳은 파괴할 수 있었다. 폭격기사령부 사령관 아서 해리스Arthur Harris 대장은 독일 도시를 체계적으로 파괴하는 것만으로도 전쟁을 끝낼 수 있다고 믿었다. 그는 다른 목표물, 예를 들어 석유나 항공기 생산과 연관된 시설은 '돌팔이 만병통치약'에 불과하다며 일소에 부쳤다.

> **조사에 따르면, 가옥 파괴가 사기에 가장 큰 타격을 입힌다고 한다. 사람들은 친구나 친척이 죽는 것보다 여기에 더 신경을 쓰는 듯하다.**
>
> **- 처웰 경Lord Cherwell, 처칠의 과학고문, 1942년 3월**

지역 폭격의 첫 단계는 1943년 7~8월에 절정에 달했다. 이 기간에 수행된 고모라 작전Operation Gomorrah에서 폭격기사령부는 함부르크에 잇달아 파괴적인 폭격을 단행했다. 영국 공군 폭격기사령부의 폭격기들이 야간폭격을 하는 동안 미 육군항공대USAAF 제8공군은 낮에 독일 도시들을 타격했다. 그다음으로는 아서 해리스 대장의 말을 빌리자면 '베를린을 머리부터 발끝까지 파괴'하려는 시도가 이루어졌다. 1943년 11월부터 1944년 3월까지 계속된 베를린 폭격은 거의 500대의 폭격기를 잃은 끝에 중단되었다. 하지만 독일의 방공망은 점점 전투력이 떨어져 가던 반면, 폭격기사령부의 경로 탐색과 목표물 지정 기법은 날로 발전해 최소한의 시간으로 최대한 많은 폭격기를 목표물 상공에 집결시킬 수 있게 되었다. 1944년 연말에는 독일 도시 대부분이 폐허로 변했다.

1942년 여름에 영국에 도착한 미 육군항공대 제8공군의 지휘관들은 자위 능력을 갖춘 폭격기로 편성한 대형으로 주간에 고공 정밀폭격을 할 수 있다고 믿었다. 이들은 전쟁 초기에 루프트바페와 영국 공군 폭격기사령부가 이 전술을 시도했으나 실패했다는 사실에 전혀 개의치 않았다.

미 육군항공대는 독일 상공에서 자신의 이론을 실천에 옮겼다가 전멸 일보 직전까지 갔다. 대규모 편대비행을 하던 B-17 플라잉 포트리스Flying Fortress와 B-24 리버레이터Liberator 폭격기가 루프트바페 주간 전투기를 상대로 입은 손실이 점점 늘어갔다. 1943년 늦여름경에는 평균 손실 비율이 1회 출격당 10퍼센트에 달했고 이런 손실을 유지하며 전투를 계속하기란 불가능했다. 1943년 12월에 뛰어난 성능의 P-51 머스탱Mustang이 호위전투기로 도입되면서 위기가 끝났다. 이 전투기는 독일 내륙 깊숙한 곳까지 폭격기를 호위할 능력이 있었을 뿐 아니라 상공에서 적 전투기를 소탕하기 위한 전투 초계활동fighting patrols도 할 수 있었다.

• 애브로 랭커스터

랭커스터 폭격기는 전쟁 기간에 등장한 뛰어난 중폭격기이자 영국 공군의 독일 전략폭격의 주역이었다. 만족스럽지 않았던 선행기인 쌍발 아브로 맨체스터Avro Manchester에서 파생한 랭커스터는 1942년 3월에 제44비행대 소속으로 처음 등장했다.

1942년 4월 17일, 랭커스터 12대가 아우구스부르크Augusburg를 낮에 저고도에서 폭격했다. 영국 공군은 이 폭격에서 7대를 잃었고 빅토리아 십자장 수훈자 2명이 나왔다. 1943년 5월 16~17일, 가이 깁슨Guy

독일 본토 폭격

"지난 18개월간 폭격기사령부는 독일 최대 도시 60개 중 45개를 사실상 말살했습니다. 양동 상륙(오버로드Overlord 작전, 노르망디 상륙작전)에도 폭격의 강도가 유지되었으며 한 달 동안 파괴한 평균 도시 수는 2.5개로 늘어났습니다. … 온전한 상태로 남은 산업 중심지는 그다지 많지 않습니다. 독일이 오랫동안 가장 큰 골칫거리였다고 인정했던 이 막중한 책무가 거의 완결 직전인데 포기해야겠습니까?"

- 폭격기사령부 사령관 아서 해리스 대장이
공군 참모총장 찰스 포털Charles Portal 대장에게 보낸 각서, 1944년 11월 1일

Gibson 중령이 이끄는 제617비행대 소속 랭커스터 폭격기들이 반스 월리스Barns Wallis가 설계한 '물수제비 폭탄bouncing bomb'으로 루르Rhur의 댐을 공격했다. 전쟁이 막바지에 이를 무렵, 폭격기사령부는 1939년 이래 습득한 전문성과 기예를 마음껏 발휘할 수 있었다.

1944년 11월 12일, 제617비행대의 랭커스터 폭격기들이 반스 월리스의 5,443킬로그램(1만 2,000파운드)짜리 톨보이Tall Boy 폭탄으로 독일 전함 티르피츠Tirpitz를 격침했다. 1945년 3월 14일에는 무게 9,779킬로그램(2만 2,000파운드)의 '그랜드 슬램Grand Slam' 폭탄을 탑재할 수 있도록 특별히 개조된 제617비행대의 랭커스터 폭격기 14대가 함Hamm과 하노버Hannover를 잇는 거대한 빌레펠트Bielefeld 철도 고가교를 파괴했다.

레이더 항법

지Gee라는 암호명이 붙은 영국 공군 최초의 전파 항법 보조장치는 1941년 12월에 도입되었다. 폭격기 항법사는 영국에 있는 기지 3개소에서 발신한 전파 펄스를 참조해 이 장치로 자신의 위치를 정확하게 파악할 수 있었다. 이 장치는 독일군의 전파 방해에 취약했기 때문에 1942년 말에 단계적으로 일선에서 물러났다. 1942년 겨울에 도입된 오보에Oboe 장치는 전파 방해가 어려운 맹목 폭격 시스템blind bombing system(육안이 아닌 기계에만 의지해 하는 폭격—옮긴이)이었으나 지구 표면의 곡률 때문에 사용 거리가 350마일(565킬로미터)로 제한되었다. 이 장치는 고공에서 작전하던 폭격기사령부의 경로 탐색 부대 소속 모스키토Mosquito 전투기가 사용했다. 이들의 임무는 뒤따르는 본대가 조준할 수 있는 위치에 소이탄을 투하하는 것이었다. 1943년에 도입된 H2S 레이더는 지상 기지에 의지하지 않고 운용할 수 있었다. H2S는 한 단계 진보한 레이더로 폭격기의 폭탄창에 아래를 보는 방향으로 탑재되어 지상을 탐지한 영상을 음극선관을 통해 계속 투영했다.

루프트바페의 저항이 거의 와해된 상황에서 랭커스터는 다시 한번 낮에 '개글gaggle'이라고도 불린 느슨한 대형으로 비행했다.

출력 1,460마력인 롤스로이스 멀린 엔진을 장착한 랭커스터는 최대 속력 시속 443킬로미터를 낼 수 있었다. 탑승원은 7명이었고 방어 무장은 .303 기관총 10정이었으며 표준 폭탄 탑재량인 6,350킬로그램(1만 4,000파운드)을 싣고 2,671킬로미터를 비행할 수 있었다.

기갑전

(1940~1945)

현대 전차 설계의 본보기 T-34

소련에서 유럽에 속한 부분이 1941년 여름부터 오스트헤어Ostheer(독일 동부군)에 유린되면서 붉은 군대는 전면적인 개편에 들어갔다. 그 효과는 기갑부대에서 가장 극명하게 드러났다.

1930년대의 소련은 대규모 기갑부대의 운용과 교리 개발 부문을 선도했으며, 스탈린의 총참모장인 투하체프스키 원수가 강력히 촉구함에 따라 여러 개의 기계화 군단이 창설되었다. 그러나 1937년 붉은 군대 지휘부에 숙청의 바람이 불면서 투하체프스키가 처형되었고 그의 개혁은 무로 돌아갔다. 1940년에 투하체스프키가 만든 기계화 군단은 모두 해체되었다.

1940년 초에 실시한 워게임에서 붉은 군대는 다시 정신을 차리기 시작했다. 워게임에서 게오르기 주코프Georgi Zhukov 원수가 지휘하는 서군은 독일군이 바르바로사 작전에서 선보인 계획의 여러 측면을 인상적으로 투영하며 디미트리 파블로프Dimirti Pavlov 장군의 동군을 크게 이겼다. 주코프는 비슷한 전술을 사용해 1939년에 있었던 일본과의 분쟁(할힌골Khalkhin Gol 사건)에서 일본군에 큰 타격을 입힌 바 있다.

워게임 후 주코프는 바로 스탈린의 총참모장으로 발탁되었다. 이전에 해체했던 전차부대를 긴급히 다시 창설한다는 결정이 내려졌지만, 독일 동부군이 모스크바로 다가오던 1941년 말경 붉은 군대의 대규모 기갑부대는 모두 소모되었고 이를 대체한 소부대들은 보병 지원 역할을 하고 있었다.

• 붉은 군대의 부활

1941년 겨울에 모스크바 주변에서 벌어진 전투에서 붉은 군대는 독일군의 대규모 부대를 포위하고 함정에 빠뜨릴 기갑전력이 부족했다. 스타브카Stavka(소련군 총참모부)는 더 큰 규모의 기갑과 기계화 군단을 추가로 보충하지 않고서는 지금의 전술적 우위를 작전적 성공으로 바꿀 가능성이 거의 없다고 보았다. 이런 부대들은 1942년 여름에 때맞춰 전선에 등장했으나 소련 남부에서 벌어진 '가마솥' 전투에서 모두 격멸되었다.

기갑차량에 익숙하지 않은 보병 장교의 지휘를 받았다는 점과 융통성 없는 전술, 전장에서 독일군의 뛰어난 임기응변 탓에 붉은 군대 기

실전의 T-34 전차

T-34 전차는 접지압을 최소화한 폭이 넓은 궤도를 장비했으며, 러시아의 봄과 가을철의 특징인 진창(라스푸티차rasputitsa)과 겨울철에 깊게 쌓인 눈 같은 거친 지형에서도 빠르고 기동성이 좋았다. 튼튼한 전천후용 디젤 엔진 덕분에 T-34의 출력 대 중량비는 매우 훌륭했으며 항속거리는 299킬로미터로 독일군 5호 전차(판터Panther)와 6호 중전차(티거Tiger Ⅰ, Ⅱ)의 거의 두 배였다. 이러한 특징은 광활한 소련의 전장에서 아주 중요했다.

갑부대의 장래에 또다시 물음표가 붙었다. 하지만 이제 유능하고 경험을 쌓은 기갑부대 지휘관의 수가 충분해졌고, 이들은 스타브카에 과거로 돌아갈 수 없다는 점을 납득시켰다. 1943년 초에 스탈린은 5개 기갑군의 창설을 승인했다.

• T-34/76

소련 전차군의 주축은 T-34/76 중형 전차로 1940년 여름에 처음으로 일선에 배치되었다. 이 전차는 기본 성능이 뛰어난 무기로 크게 개조하지 않고 제2차 세계대전 내내 사용되었다. 기동성, 방어력, 화력의 균형을 잡은 T-34 전차는 현대적 전차 설계의 기초를 놓았다고 여겨진다.

T-34 경사 장갑의 특징은 포탄의 관통 저항력을 높였다는 것인데, 독일군이 5호 전차 판터를 만들 때 이 점을 베꼈다. T-34의 균형 잡힌

설계를 완성한 것은 포신이 길고 포구 초속이 빠른 혁신적인 전차포였다. 설계가 뛰어날 뿐만 아니라 대량 생산이 가능했고 야전에서 정비하기도 쉬웠다. 제2차 세계대전에서 붉은 군대가 장비한 전차의 68퍼센트가 T-34였다.

• 탑승원 편의

진정한 소비에트 스타일로 만들어진 T-34는 탑승원 편의 장비를 거의 갖추지 않았다. 처음에는 무전기도, 사방을 볼 수 있는 전차장용 조준경도 없었다. T-34에서는 전차장이 포수를 겸했다. 실전에서 전차장은 시야에 제약이 있는 조종수에게 마이크로폰으로 방향을 지시하고, 장전수에게 자신이 원하는 포탄의 종류를 큰 소리로 알리며, 고개를 숙여 잠망경식 조준경으로 조준하고 거리를 측정하며, 발포한 다음에는 반동으로 35센티미터(14인치) 밀려나는 76.2밀리미터(3인치) 포의 포미에서 떨어지느라 정신없었다.

장전수도 바빴다. T-34/76에 실린 포탄 77발(평균적으로 철갑탄이 19발, 고폭탄이 53발, 5발이 유산탄이었다.) 중 즉시 손 닿는 곳에 있는 포탄은 9발이었다(6발은 전투 구획 왼쪽 벽 보관대에, 3발은 오른쪽에 있었다). 나머지 68발은 고무매트로 덮인 포탑 밑에 있는 금속제 탄약상자 8개에 나뉘어 보관되었다. 이 상자들이 포탑의 바닥 역할을 했다. 손 닿는 곳에 있는 몇 발 안 되는 포탄을 연달아 모두 발사해버린 경우에 장전수는 바닥의 매트를 들어 올리고 포탑 바닥을 열어 보충탄을 꺼내야 했다. 탄약 상자와 매트를 상대로 낑낑거리는 장전수는 포가 발사될 때마다 이미 쌓인 탄피 무더기 위로 쏟아져 내리는 뜨거운 새 탄피 소나기까지 맞아야 했다.

“ 우리에게는 한 가지 이점이 있었다. 바로 기동성이다. 적은 행동의 자유가 없는 들소 떼 같았다. 반면 들소 떼 주변을 배회하는 표범은 행동이 자유로웠으며, 그 표범이 바로 우리였다.”

- 독일군 제6기갑사단의 전차 탑승원

전장에서 붉은 군대의 전술은 아직도 독일 동부군의 융통성 있는 전술에 뒤떨어졌다. 전황이 유동적으로 변하면 소련 기갑부대는 비록 수적으로 심하게 열세하더라도, 경험 많은 독일군 부대에 격파될 가능성이 컸다.

• 전투 적합

1945년 1월 무렵, 양측의 역할이 완전히 뒤바뀌었다. 소련 전차군은 제3제국 국경을 넘어 엄청난 영토를 잠식해가고 있었다. 1945년 1월 20일, 정예 제5근위전차군이 동프로이센의 취약한 부분을 뚫고 깊숙이 전진했다. 이 부대는 독일군에 탐지되지 않고 후방에서 신속하

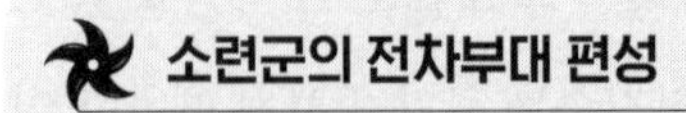

소련군의 전차부대 편성

독일군 기갑사단은 장갑차량 12종에 기타 차량이 20종에 이르는 등 다종다양한 차량을 운용했지만 소련군 기갑부대는 두 종류의 차량에만 의지했다. T-34와 미국제 닷지Dodge 트럭이다. 미국은 1943년 여름까지 이 트럭을 14만 대가량 공급했다. 미국의 렌드리스Lend-Lease(전시 무기 대여) 덕분에 스탈린의 군수공장은 거의 전적으로 전투장비 생산에만 집중할 수 있었다. 스탈린은 처칠에게 자신은 탱크보다 트럭이 더 필요하다고 말하기도 했다.

게 전선으로 이동했다. 3일 뒤에 제29전차군단 소속 제3대대가 엘빙Elbing이라는 마을로 돌입했다. 이 부대 소속 전차 6대는 도망치는 피난민 무리 속에 숨어 이동했다.

전차들은 어두운 겨울 날씨 속에 헤드라이트를 번득이며 마을 중심가로 질주했다. 처음에 장보러 나온 독일인들은 T-34를 독일군 훈련부대 소속으로 착각했다. 이들은 불과 며칠 전만 해도 전선이 안정화되었다는 확신에 찬 발표를 들었던 터였다. T-34가 닥치는 대로 발포하기 시작하자 그제야 상황을 파악했다. 있는 병력을 닥닥 긁어모아 편성한 마을 수비대가 T-34 4대를 격파했으나 나머지 3대는 계속 진격했고 이들의 뒤에서 제5근위전차군이 발트해 해안으로 접근하고 있었다. 동프로이센은 이제 독일 본토와 분단되었다.

36 · The U-boat war

유보트 전쟁

(1939~1943)

낮에는 잠항하고, 밤에는 공격하고

전시 영국 수상인 윈스턴 처칠은 대서양 전투Battle of the Atlantic가 '전쟁 전체를 통틀어 가장 중요한 요소였으며, 우리는 모든 것이 대서양 전투의 결과에 달렸음을 결코 잊을 수 없었다'고 생각했다. 그의 말은 진실이었다. 북아메리카에서 영국까지 뻗어 있는 대서양 횡단 보급선이 없었더라면 영국은 전쟁을 계속하기 위해 힘겹게 몸부림쳐야 했을 것이다. 영국인에게 대서양 전투는 U-30이 여객선 아테니아Athenia를 격침한 1939년 9월 3일부터 크릭스마리네Kriegsmarine(독일해군)가 항복한 5월 7일까지 계속된, 제2차 세계대전의 가장 긴 전투였다.

제1차 세계대전 때 유보트(독일어 운터제보트Unterseeboot에서 나온 말)로 알려진 독일 잠수함이 대서양 보급선을 끊어버려 하마터면 영국이 항복할 뻔했다. 제2차 세계대전의 유보트들도 제1차 세계대전 때만큼 위협적이었으나 전투가 절정에 이르렀을 때 연합군의 기술력에 패배했다. 하지만 간발의 차이로 얻은 승리였다. 1940년 여름부터 노르웨이와 프랑스의 대서양 연안에 있는 노르웨이와 프랑스의 기지를 획득하면서 유보트, 독일 수상함대, 장거리 정찰기들은 작전 범위를 확장하고 분쟁 수역으로 직접 접근할 수 있었다. 또한 이로 인해 '젖소'

라 알려진 보급 유보트로부터 연료를 재보급받기가 더 쉬워졌다.

대조적으로 아직도 영불해협을 넘어 독일군이 침공해 올까 우려하고 있던 영국은 대서양 횡단 호송선단에 충분한 호위 전력을 댈 수 없었다. 기회를 잡은 유보트들은 '늑대 떼wolf pack' 전술로 작전하기 시작했다. 이들은 낮에는 호송선단을 미행하고 밤에 부상해 공격했다. 유보트 승조원들은 1940년 7월부터 10월까지의 기간을 '행복한 시간Happy time'이라고 불렀다. 그동안 연합군 선박 217척이 격침당한 데 반해 유보트는 단 2척만 잃었다.

> **우리는 모두 크리스마스를 맞은 아이들 같았다.**
>
> **- 유보트 에이스 대위 오토 크레치머**Otto Kretschmer**의 말,**
> **테리 휴스**Terry Huges **· 존 코스텔로**John Costello, **『대서양 전투**Battle of the Atlantic**』, 1977년**

· 탐지와 파괴

대서양 전투에서 생긴 기술적 문제는 많은 부분에서 공중전의 문제와 닮았다. 유보트를 이기기 위해 연합군은 광대한 바다에서 이들을 탐지하고 격파할 장비가 필요했다. 처음에 연합군이 사용한 장비는 임무에 부적당했다. 1940년에 호송선단 호위함에 장착된 레이더는 단거리에서 부상한 잠수함만 탐지할 수 있었다. 음파를 이용하는 레이더라고 할 수 있는 소나Sonar(애즈딕Asdic이라고도 불림)도 신뢰성이 떨어졌다. 소나는 함체에 부딪혀 반사되는 음향신호로 물속의 잠수함을 탐지하는 장치다. 소나 탐지 결과는 침몰한 선박 잔해, 모래톱, 물고기와 해저 온도 변화에 왜곡되기 일쑤였다.

1941년 12월에 미국이 참전한 다음부터 유보트는 두 번째 '행복한 시간'을 즐겼다. 이들은 1942년 2월에 65척을 격침했고 3월에 86척, 4월에 69척, 5월에는 111척을 격침했다. 대서양 전투는 1943년 초에 위기점에 도달했다. 1월에 유보트는 선박 20만 3,000톤을 격침했고 2월에는 35만 9,000톤을, 3월에는 62만 7,000톤을 격침했다. 연합군 선박은 건조 속도보다 두 배 더 빠른 속도로 격침되고 있었다. 그동안 유보트는 한 척이 격침될 때마다 두 대가 진수되고 있었다.

• 과학 대 잠수함

그때 과학이 연합군 편을 들기 시작했다. 공동 마그네트론 밸브cavity magnetron valve가 영국에서 발명되고 여기에 기반한 강력한 센티미터파 레이더가 등장해 가장 중요한 기술적 돌파구가 열렸다. 이 레이더는 1941년 4월에 부상한 잠수함을 10마일(16킬로미터) 거리에서, 잠망경을 1,200미터(3,937피트) 거리에서 탐지함으로써 정확성을 과시했다. 센티미터파 레이더를 장비한 장거리 초계기는 유보트가 상대하기 어려운 강적이 될 것이 분명해졌다.

공대지Air to Surface(ASV) 레이더는 1943년 봄에 도입되었다. ASV 레

이더를 장비한 비행기와 탐조등, 폭뢰는 밤에 부상한 유보트를 탐지하고 파괴할 수 있었다. 1943년 5월에 연합군이 격침한 유보트 36척 중 22척을 비행기가 격침했다. 결국 독일군은 추락한 영국군 비행기에서 공동 마그네트론을 회수해(이 장치는 파괴하기가 거의 불가능했다) 그 비밀을 풀었다. 유보트들은 15킬로미터에서, 나중에는 45킬로미터에서 레이더의 센티미터파를 포착하는 안테나를 장비했다. 센티미터파를 포착한 유보트는 잠항할 시간을 벌었다.

새로운 대잠병기가 대거 몰려왔다. 고주파 방향탐지장치(허프 더프huff duff)를 장비한 호위함들은 기지로 무전을 발신하는 유보트의 위치를 정확히 특정해 미행할 수 있었다. 청음 어뢰로 무장한 미국제 초장거리Very Long Range(VLR) 리버레이터 폭격기는 유보트가 항공 공격을 받을 걱정 없이 공격할 수 있던 대서양 가운데의 틈새를 좁혔다. 고속 호위 항공모함을 주축으로 편성된 대잠지원그룹hunter-killer support group도 유보트 부대에 큰 타격을 가했다.

1943년 한여름에 처음으로 진수된 연합군 선박 총톤수가 상실량을 넘었다. 디데이의 노르망디 상륙 후 독일군이 프랑스에서 철수하며 크릭스마리네는 최고의 작전기지들을 상실했고 그 뒤로 유보트의 활동은 영국 제도 연안과 그 접근로로 한정되었다. 현대 잠수함의 시조인 새로 도입된 21형 유보트는 배터리 용량을 늘리고 유선형의 매끈한 선체를 갖춰 수중 항속거리가 500킬로미터에 이르렀으나 전황을 돌이

유보트 승조원들의 생활 조건

44명의 승조원을 위한 공간은 몹시 협소했다. 잠수함 승조원들은 기계장치 옆이든 어뢰발사관 옆이든 잘 수 있는 곳이라면 어디에서든 잤다. 이들은 화장실 하나를 함께 썼고, 맑은 물이 부족했기 때문에 항해를 시작하면 세수나 면도를 삼갔다. 이러한 불편함은 좋은 식사와 작전에 나갈 때 생기는 굳건한 전우애로 상쇄했다. 전우애는 좁은 공간에서 어쩔 수 없이 같이 지내면서 생긴 친밀감과 위험을 함께한다는 느낌이 섞인 감정이었다.

키기에는 너무 늦게 일선에 도착했다. 1939년부터 1945년까지 참전한 독일 잠수함 승조원은 4만 900명이었고 이 가운데 2만 8,000명이 자신들의 배와 운명을 같이했다. 70퍼센트라는 전사자 비율은 다른 어떤 나라의 어떤 병종과도 비교할 수 없었다.

• 7형 유보트

7형 유보트는 제2차 세계대전에서 크릭스마리네가 사용한 표준 유보트 2종 중 하나다. 또 하나는 9형이다. 이들은 제1차 세계대전 때 사용된 것보다 훨씬 고도화된 함선은 아니었다. 디젤과 전기 모터를 병용하는 7형 유보트는 수상에서 17노트를 낼 수 있었고 이보다 더 낮은 평균 속력으로는 전기 모터로 2만 5,750킬로미터를 항해할 수 있었다. 잠항할 때는 디젤 엔진이 재충전한 전지를 동력으로 하는 모터가 기관 역할을 했고 이때 속력은 7노트였다.

· 슈노르헬

1943년부터 슈노르헬Schnorchel(연합군 수병들은 '스노트snort'라고 불렀다)을 사용하면서 유보트의 수중 항속거리와 속력이 향상되었다. 슈노르헬은 본래 잠수함에서 수면으로 뻗어 나온 공기 튜브다. 잠수함은 슈노르헬을 사용해 수중에서 디젤 기관을 가동할 수 있었다. 이 튜브의 위쪽 끝에는 물이 들어오면 자동으로 닫히는 밸브가 있었다. 슈노르헬의 주된 단점은 잠망경처럼 수면에 놓치려야 놓칠 수 없는 물보라를 일으킨다는 점과 거친 바다에서는 방수 밸브가 너무 자주 닫혀서 함에서 사용할 수 있는 공기가 위험한 수준까지 낮아진다는 점이었다. 하지만 슈노르헬은 적이 엄중하게 초계하는 수역을 거쳐 기지로 돌아가거나 떠날 때 매우 가치가 높았다. 유보트의 주무장은 전기동력 어뢰 14발(9형 유보트는 19발)이었고 이 어뢰는 눈에 잘 띄는 항적을 남기지 않았으며 함수의 발사관 4개, 함미의 1개 발사관으로 발사했다(9형은 함미발사관이 2개였다).

· 전술

항해에 나간 유보트는 시간 대부분을 유보트 사령부가 지정해준 호송선단을 찾아 돌아다니며 해상에서 보냈다. 유보트 사령부는 생나제르Saint Nazaire에 있다가 영국군 코만도의 습격을 받고 위치를 옮겨 1942년 3월부터 베를린에 있었다. 유보트는 대개 호송선단 예상 항로 앞에 위치를 잡았을 때만 잠항했다가 부상해 공격을 개시할 수 있게 날이 어두워지기를 기다렸다. 유보트 함장은 호위함의 대응 기동을 피하고 레이더 반사파가 상선과 유보트를 구분할 수 없는 선단 내부에서 교전하기 위해 호위망 뒤쪽에서 공격을 개시하기도 했다.

디데이

(1942~1944)

역사상 가장 중요한 상륙작전

1944년 6월, 연합군은 북서 프랑스의 노르망디Normandy에 상륙을 단행했다. '오버로드Overlord'라는 암호명이 붙은 이 작전은 사상 최대의 상륙작전이었다. 6월 6일 자정 무렵에는 15만 명의 미군, 영국군, 캐나다군이 바다와 하늘에서 프랑스 땅에 도착했다.

이렇게 많은 과학적 준비 과정과 창의성을 들여 시행한 군사작전은 일찍이 없었다. 과학자들은 오버로드 작전의 계획과 실행의 모든 단계에서 핵심적 역할을 했다. 전쟁이 이 단계에 이르렀을 무렵, 과학자들은 전장 경험을 분석해 새로운 무기와 전술을 고안하고 기존의 것들을 개량하며 오버로드 작전이 던진 난제를 해결할 수 있었다.

요행에 맡긴 일은 아무것도 없었다. 유타Utah, 오마하Omaha, 골드Gold, 주노Juno, 소드Sword라는 암호명으로 부른 상륙 예정 해안은 특수 코만도 부대원들이 노르망디에서 가져온 모래 표본을 광범위하게 분석한

다음 연합군 계획 입안자들이 선정했다. 연합군 정찰기는 각 상륙 지역의 사진을 인치 단위로 촬영했고, 상륙 예정 부대의 수석 과학고문 솔리 주커먼Solly Zuckerman은 모자이크식으로 모은 촬영 결과물을 분석해 오버로드 작전에 선행한 수송 계획을 짰다.

· 수송 계획

상륙 뒤 연합군은 독일군이 노르망디의 거점을 증원하기 위해 사용할 서부 독일과 프랑스의 철도 시스템을 연합군 중폭격기와 전술폭격기로 파괴하기로 계획했다. 복잡한 연합군 기만 계획의 일환으로 영불해협이 제일 좁은 파드칼레Pas-de-Calais에 다수의 폭탄을 투하했다. 노르망디가 아닌 이곳에 연합군이 상륙할 것이라는 독일군의 심증을 굳히기 위해서였다.

정확한 일기예보는 오버로드 작전 성공에 필수적이었다. 6월 6일에 잠시 날씨가 좋아질 것이라 예측되었고, 이 예보에 기반해 작전의 개시일이 결정되었다. 5,000척에 이르는 연합군 대함대가 영불해협을 건너는 동안 연합군은 독일군을 상대로 전자적 기만작전을 발동했다.

> **“ 그는 오버로드 작전이 실패한다면 미국은 단지 한 전투에서 패배할 뿐이겠지만, 영국은 군사적 능력을 소진하게 될 거라고 말했다.**
>
> **- 미국 대통령 특사 에버렐 해리먼Averell Harriman, 1944년 5월 처칠과의 회동에서**

> 해변에서 사용할 부두는 조수에 따라 위아래로 움직일 수 있어야 한다. 고정 문제도 해결해야 한다. 최상의 해결책은 내가 선택한다. 이 문제로 논쟁하지 말라. 논쟁해도 어려움은 그대로 남을 테니까.
>
> \- 윈스턴 처칠, 1942년 5월 30일

해군 소속 론치launch(대형 동력선—옮긴이)들이 칼레와 불로뉴Boulogne로 향했다. 모두 병력 수송선과 비슷한 반사파를 내도록 특별히 제작한 반사판을 단 풍선을 끌고 있었다. 상공에서는 폭격기들이 살포한, 규격에 맞춰 재단한 금속 띠(영국군은 '윈도window'라는 암호명을, 미군은 '채프chaff'라는 암호명을 붙였다)가 큰 강물처럼 반짝이며 떨어졌다. 이 금속 띠는 허위 레이더 신호를 만들어냈다. 허깨비 침공군을 포착한 독일군 레이더 운용 요원들은 거대한 함대와 항공기의 대군이 파드칼레를 향하고 있다고 믿었다.

· 멀베리 항구

오버로드 작전의 초기 계획 단계에서 연합군은 노르망디의 부대에 보낼 보급품을 양륙할 항구를 온전한 상태로 탈취할 수 없다는 점을 잘 알았다. 이에 따라 노르망디 해안에 2개의 인공 항구를 만들기로 결정했다. 하나는 미군 상륙 해안용, 하나는 영국군 보급용이었다. 공장에서 제작한 항구 부품들을 영불해협을 가로질러 예인한 다음,

기만이 국면을 바꾸다

기만 계획의 일부로 영국이 통제한 이중스파이 후안 푸홀 가르시아Juan Pujol Garcia('가르보Garbo')가 독일 정보기관의 담당관들에게 노르망디 상륙은 기만책일 뿐이며, 공격의 중점은 파드칼레가 될 것이라고 알렸다. 가르보를 신뢰한 독일은 1942년부터 가르보가 구축했다고 주장한 허위 스파이망을 유지하는 데 필요한 약 35만 파운드의 자금을 비밀리에 가르보에게 송금했다. 독일 정보당국은 미끼를 덥석 물었고, 독일군 사단들은 파드칼레에 머물렀다. 6월 6일에 이들이 노르망디에 있었더라면 전세가 뒤집혔을지도 모른다. 그 대신 독일은 궐석으로 가르보에게 철십자훈장을 수여했다.

노르망디에서 교두보를 확보하면 조립했다. 완공된 항구는 1일 1만 4,000톤의 보급품을 처리할 수 있을 것으로 예상되었다.

멀베리라는 암호명이 붙은 항구는 방파제와 외벽으로 구성되었고, 해변에서 3.2킬로미터 떨어진 곳에 가라앉힌 폐색선blockship 70척과 거대한 케이슨caisson(암호명 피닉스Phoenix) 200개로 만들었다. 케이슨은 속이 빈 부유 블록으로, 일부는 배수량이 6,000톤에 달했으며 4층 건물 크기와 맞먹었다. 폐색선과 케이슨으로 인해 상대적으로 잔잔한 수역이 생겼고 그 안에 건설된 부두는 강철 연접식 구조물로 만든 16킬로미터 길이의 부유 도로(암호명 고래Whales)로 해안과 이어졌다. 멀베리를 건설하는 데 200만 톤의 강철과 강화 콘크리트가 들어갔고, 영불해협을 가로지르는 예인 작업에는 1만 명의 인원과 160척의 대형 예인선이 동원되었다.

반대의 목소리: 모든 사람이 멀베리에 열광하지는 않았다

멀베리는 지금껏 내가 본 사례 중 가장 큰 인력과 자원 낭비라고 생각한다. 트인 해변에서는 한 번에 1,000척의 LST(Landing Tank, Ship, 전차양륙함)이 양륙 작업을 할 수 있다. 카사블랑카에서 바다가 150톤짜리 콘크리트 블록에 무슨 일을 했는지 본 사람이라면 이게 폭풍이 치자마자 부서지리라는 점을 알 텐데 왜 이런 물건을 내게 주는가? 만들자마자 부서져서 해변에 널릴 물건을 만들어 어디에 쓰려 하는가?

- 미 해군 존 레슬리 홀John Leslie Hall 제독

멀베리 항구를 구성하는 각 부분은 디데이 당일에 프랑스로 옮겨지기 시작했고, 폐색선들은 닷새 전에 스코틀랜드의 오반Oban항에서 출항했다.

계획에 따르면 멀베리는 상륙한 지 며칠 안에 완성되어 제 기능을 발휘하기도 되어 있었는데, 셰르부르Cherbourg항은 6월 29일에야 항복했다. 그러나 6월 19일부터 4일간 폭풍우가 계속되면서 계획이 삐걱대기 시작했다. 지난 40년 이래 최악의 강풍을 맞은 두 곳의 멀베리가 모두 파손되었다. 해저에 닻으로 단단하게 고정하지 않았던 오마하 해안의 미군용 멀베리는 기능이 마비되었다. 하지만 '포트 윈스턴Port Winston'이라는 별명으로 알려진 아로망슈Arromanches에 설치된 영국군의 멀베리는 긴급 수리되어 디데이 후 10개월 동안 인원 250만 명, 차량 50만 대, 보급품 400만 톤을 양륙하는 데 사용되었다. 설계 시 멀베리는 3개월간 사용할 예정이었으나 방파제를 강화한 덕에 원래 계획한

것보다 7개월 더 사용할 수 있었다.

나치의 비밀병기

(1939~1945)

V-1과 V-2

1944년 6월 13일 오밤중, 날개 폭 5미터의 무인비행기 한 대가 프랑스에서 잉글랜드로 날아왔다. 영불해협을 시속 650킬로미터로 가로질러 런던으로 비행을 계속하던 이 비행기에서는 쉭쉭 하는 이상한 소리가 났고 꽁무니에서는 제트 화염이 뿜어져 나오고 있었다.

런던 상공을 지나가며 이 비행기는 통통거리는 소리를 냈다. 한 목격자에 따르면 가파른 언덕을 오르는 구식 모델 T 자동차가 내는 소리 같았다고 한다. 오전 04시 20분, 불길한 느낌을 풍기던 비행기의 엔진이 멎었다. 잠시 침묵이 흐른 다음, 비행기는 런던 동쪽 32킬로미터에 있는 스완즈컴Swanscombe에 떨어졌다. 큰 폭발이 이어졌으나 희생자는 없었다. 히틀러의 첫 페어겔퉁스바펜Vergeltungswaffen(보복병기)이 영국에 도착했다.

• 로켓 개발자들

독일의 무인 비행 병기 프로그램의 역사는 베를린 공과대학 학생이던 베르너 폰 브라운Wernher von Braun이 독일 아마추어 로켓 협회에 가입한 1920년대 후반으로 거슬러 올라간다. 독일 육군의 포병 장교였던 발터 도른베르거Walter Dornberger는 이 협회의 성과에 깊은 인상을 받았고 도른베르거와 브라운은 수송 가능한 대형 군용 로켓을 개발하기 시작했다. 도른베르거는 베르사유 조약(1919)으로 금지된 통상적인 장거리포를 이 로켓으로 대체할 생각이었다.

독일 육군의 자금 지원을 받은 도른베르거는 발트해의 외딴 섬인 페네뮌데Peenemünde에 시험 기지를 만들었다. 1942년 여름에 도른베르거는 폰 브라운의 A-4 로켓의 첫 시험 발사를 할 준비를 마쳤다. 나중에 연합군에 V-2로 알려진 로켓이었다.

• 루프트바페의 프로그램

그동안 루프트바페도 독자적으로 무인 비행 병기를 개발하고 있었다. 루프트바페는 페네뮌데 근처에서 FGZ-76 비행폭탄, 즉 V-1의 시험을 준비하고 있었다. V-1은 경쟁자 V-2에 비해 장점이 상당했다. V-1은 제작비용이 저렴하고 생산이 간단했으며 V-2에 필요한 귀중한 액화 산소와 고순도 알코올 대신 저질 연료를 태웠다. 독일군은 몰랐지만, 영국군은 V 병기 프로그램의 냄새를 맡았고 1943년 8

월 17/18일에 거의 600대의 중폭격기가 페네뮌데의 공장을 맹폭격했다. 이로 인해 V-2 프로그램은 최소 2개월이 지연되었다. 페네뮌데 폭격은 제2차 세계대전에서 폭격기사령부가 이렇게 작은 목표물을 전력을 다해 타격한 유일한 사례였다.

> **독일이 세균전 가스, 화염 병기, 글라이더 폭탄과 무인비행기를 개발 중이라는 심각한 징후가 있다. … 그리고 여기에 상응하는 조치를 할 것을 권하는 바이다.**
>
> - 과학고문이 비밀정보국에 보낸 보고, 1939년 11월

루프트바페는 V 무기 공세를 개시해 하루에 V-1 500발로 런던을 타격해 사람이 살 수 없는 곳으로 만들 계획이었다. 1940~1941년의 런던 폭격에서는 이 목표를 달성하는 데 실패했다. 또다시 연합군 폭격기들이 개입했다. 1943년 12월부터 연합군 폭격기들은 북프랑스의 발사장에 있는 눈에 잘 띄는 콘크리트와 강철제 V-1 발사용 경사로에 수천 톤의 폭탄을 투하했다. V-1 공세는 1944년 6월 6일의 디데이에 연합군이 북서 프랑스에 상륙한 지 1주일 후에야 개시되었다.

곧 '두들버그doodlebug(개미귀신—옮긴이)'라는 별명을 얻은 V-1은 전쟁 초의 폭격 이후 다시 런던을 최전방 도시로 돌려놓았다. 이들의 정확도는 특별히 높지 않았으나 런던은 매우 큰 목표물이었고 독일의 의

도는 V-1의 공격 효과가 무차별적으로 발휘되는 것이었다. 1944년 8월 말에는 런던 지역에서 2만 1,000명이 V-1에 죽거나 중상을 입었다. 25만 명의 젊은 어머니와 어린이들이 대피했고 100만 명이 자발적으로 도시를 떠났다. 밤에는 수천 명이 런던의 지하철역에 몸을 피했다.

V-1은 사람을 불안하게 만드는 심리적 효과를 발휘했다. 지상에 있던 런던 시민들은 V-1이 접근하는 소리를 들을 수 있었다. V-1은 전파방해를 피하기 위해 무선 조종 방식이 아니라 자기 컴퍼스로 통제되는 자이로스코프 자동 비행 방식을 따랐다. 회전하는 작은 프로펠러에 의해 사전에 계산된 비행거리를 다 날았다고 판정되면 목표물에 낙하했다. 이 계산에 따라 V-1의 추진력인 펄스제트가 멈추면 불길한 15초간의 침묵이 뒤따랐고, V-1이 지상에 낙하해 도시의 한 블록을 파괴할 만한 위력의 폭발을 일으켰다. V-1이 머리 위를 날아간 다음 엔진이 멎었다면 안전했지만, 그렇지 않다면 조용한 15초가 인생의 마지막 순간일 수도 있었다.

• V-1의 위협에 완벽히 대응하다

1944년 가을 무렵, V-1의 위협은 무력화되었다. 잉글랜드 남부 해안과 런던으로 가는 접근로에 목표물 근처에서 폭발하는 근접 신관을 장착한 포탄으로 무장한 대공포대가 대거 배치되었다. 새로 도입된 글로스터 미티어Gloster Meteor 제트 전투기를 비롯한 고속 전투기들이

공중발사 V-1

루프트바페의 제3폭격비행단 제3비행전대, Gruppe III가 폭격기 동체의 좌현 혹은 우현 엔진과 동체 사이의 안쪽 날개에 매단 V-1을 발사하는 임무를 맡았다. 네덜란드에 기지를 둔 He-111 폭격기들이 고폭탄과 연료를 실은 1톤짜리 V-1을 동체 밑에 위험하게 매단 채 레이더 탐지를 피하기 위해 해면에서 300피트 상공을 날았다. 이들은 V-1을 발사하기 전에 1,500피트로 상승해 모기와 V-1을 잇는 케이블을 통해 점화 플러그를 작동시켰다. V-1이 기체에서 분리되지 않는 경우가 잦았고 엔진이 작동하면 모기를 끌고 바다로 떨어질 뻔한 위험한 사고도 가끔 있었다. 제3폭격비행단은 이 위험천만한 방법으로 V-1 약 400발을 발사했고 이 가운데 160발이 잉글랜드 해안을 건넜다. 런던에 도달한 것은 50발 정도에 불과했고 다른 목표물은 전혀 타격을 입지 않았다.

근접거리에서 V-1을 격추하거나 위험한 기동으로 항로 밖으로 밀어냈다. 8월 28일에 영국 방공부대는 영국 해안에 접근하거나 해안을 넘은 V-1 98발 가운데 93발을 격추했다. 2발은 기구에 매단 케이블로 격추되었고 23발은 전투기가, 나머지는 대공포가 격추했다.

1944년 9월 초가 되자 최악의 V-1 공세가 끝났다. 연합군이 북프랑스의 발사기지들을 점령했고 독일군은 더 먼 네덜란드에서 발사하거나 개조된 폭격기로 공중발사하는 수밖에 없었다. 승리의 대가는 컸다. V-1에 독일이 쓴 비용 1파운드마다 영국은 5파운드를 여기에 대응하는 데 썼다고 추산된다. 사상자, 방공망 건설, 피해 복구(가옥 2만 3,000채가 완파되고 100만 채가 손상되었다)를 모두 포함한 비용이다.

• V-2

런던 시민들이 한숨 돌릴 틈은 없었다. 9월 8일, 네덜란드에 있는 한 발사장에서 불과 5분 전에 발사된 V-2가 시 전체에 들릴 정도로 엄청난 폭음을 일으키며 런던 교외 치즈윅Chiswick에 떨어졌다. 가스 광산에 불이 붙어 폭발했다는 소문이 금방 퍼졌다. 대중이 공황에 빠지는 사태를 두려워한 전시내각은 1944년 11월까지 V-2의 존재를 밝히지 않았다.

> **“—— 길을 건넜다. 아니나 다를까, 구름 사이로, 우리 머리 바로 위에, 끔찍한 검은 물체가 있었다. 몸서리치게 무서웠다.”**
>
> **- 베라 호지슨Vera Hodgeson의 일기, 1944년 7월 7일**

V-2 한 발은 V-1보다 20배 더 비쌌다. 하지만 두들벅 V-1과 달리 V-2는 접근을 알리는 경보도 없었고 발사된 뒤에는 요격할 방법이 없었다. 고폭탄 1톤을 실은 V-2는 80~100킬로미터까지 상승했다가 음속 4배(시속 4,000킬로미터)의 속력으로 지상에 재돌입했다. 발사기를 겸한 차량으로 수송되는 V-2는 평평한 땅이라면 어디서든 발사될 수 있었으며 공중에서 탐지되지 않도록 발사장 위치를 주기적으로 옮겼다.

V-2 공세는 남부 잉글랜드에 232발이 떨어진 1945년 2월에 절정에 달했다. 3월 8일에 런던의 스미스필드Smithfield 시장에 떨어진 V-2로

233명이 죽었다. 모두 합쳐 1,115발의 V-2가 잉글랜드에 떨어졌다. 그 중 517발이 런던에 떨어져 2,754명이 사망하고 6,523명이 다쳤다. 독일군은 전쟁이 끝나기 전 몇 개월 동안 연합군이 사용하지 못하도록 1,000발 이상의 V-2를 안트베르펜Antwerpen 항구로 발사했다.

호위전투기

(1941~1945)

발군의 성능을 지닌 장거리 전투기

제2차 세계대전 동안 유럽에서 미국 육군항공대의 전략폭격은 자위가 가능한 폭격기 54기로 구성된 컴뱃 윙combat wing이라는 편대비행을 기본 전술로 삼았다. 이러한 비행은 위험할 뿐 아니라 신체적으로도 몹시 힘들었다. 조종사가 수백 개의 프로펠러가 만들어내는 난기류에서 자기 위치를 지키려면 엄청난 힘을 써야 했다. 이 편대에서 비행하는 조종사는 각 소대장과 편대장의 기량에 의존했다. 대장의 비행술이 형편없고 각 위치에 있는 비행기들의 위치가 계속 바뀌면 조종사의 피로가 가중되었고 공중충돌하거나 대형이 흩어질 위험이 따랐다.

B-17 플라잉 포트리스와 B-24 리버레이터에게 비행이란 편대대형을 온전하게 유지하기 위해 이리저리 미끄러져 다니는 것이었다. 다른 비행기와 거리가 가까워 선회는 위험했다. 편대비행에서는 스로틀을 자주 변환해야 했는데 이는 필요 이상의 연료 소모로 이어졌으며, 특히 대형 높은 곳에서 비행하는 비행기들은 더 그랬다. 1943년 봄쯤에는 독일 전투기로부터 입은 심한 손실 때문에 미 육군항공대 제8공군은 어쩔 수 없이 '턱드 인 윙tucked-in wing' 대형을 선택했다. 이 대형에서는 18기로 구성된 3개 비행대가 가까운 거리를 두고 중첩된

형태로 비행했다. 1개 비행대가 선두에 섰고 다른 비행대는 높은 곳에서, 또 다른 비행대는 낮은 곳에 있었다.

루프트바페 조종사들이 풀크Pulk(가축떼)라고 부른 컴뱃 윙 대형은 무시무시한 방어 화력을 과시했고 신참 조종사들을 주눅 들게 만드는 광경이었다. B-17 G형은 방어용 무장으로 .50 기관총 13정을 갖췄다. 컴뱃 윙 1개는 1초에 14발을 발사하는 유효사거리 548미터인 기관총 648정을 적에게 겨냥할 수 있었다. 57그램짜리 탄환은 6.5킬로미터 거리까지 인체에 치명적 위력을 가할 수 있었다.

> **… 독일의 군사, 산업, 경제 체계를 점진적으로 파괴하며 혼란을 일으키고, 무장 저항 능력이 치명적으로 약해질 때까지 독일 국민의 사기를 꺾는다.**
>
> **- 카사블랑카 회의 이후 서방 연합국이 발표한 공중전에 대한 지침, 1943년 1월**

• 자체방어의 오류

1943년 1월부터 독일 영공을 얕게 돌파하기 시작한 미 육군항공대의 손실은 2월부터 꾸준히 늘어났다. 루프트바페의 주간 전투기들은 미군 폭격기들만큼 잘 무장했고 1943년 가을쯤 이들은 30밀리미터(1.2인치) 중기관총과 210밀리미터(8.3인치) 로켓을 장비했다. 로켓은 특별히 명중률이 정확한 무기는 아니었으나 폭격기 대형을 흩뜨리는 데는 효과적이었다.

독일 상공에 대한 큰 손실을 입는 경우가 흔한 일이 되어갔다. 제8공군이 레겐스부르크Regensburg의 항공기 조립공장과 슈바인푸르트Schweinfurt의 베어링 공장을 공습한 8월 17일에 손실은 최고조에 이르러다. 미군은 두 도시를 겨냥한 폭격에 파견된 376대 가운데 60대를 잃었고 이보다 많은 수를 전손 처리했다. 10월에 단행된 제2차 슈바인푸르트 공습에 참여한 291대 중 77대가 손실되고 133대가 파손되었다. 이 공습이 끝나고 폭격 작전은 일시적으로 중단되었다. 폭격기가 독일 내륙 깊숙한 곳에 있는 목표물을 폭격하고 돌아올 때는 반드시 호위전투기가 있어야 한다는 점은 잔인할 정도로 명백했으나, 이 역할을 할 전투기가 없었다.

미 육군 항공대의 P-38 라이트닝Lightening 전투기와 P-47 선더볼트Thunderbolt 전투기는 동등한 조건에서 적 전투기를 상대하기에는 성능이 부족했으며 독일 상공의 폭격기를 엄호하기에는 항속거리도 짧았다. 490리터짜리 보조 연료탱크를 장착해 P-47의 항속거리가 늘어났음에도 이제 루프트바페는 시간과 장소를 골라 공격할 수 있었다. 독일 전투기들은 P-47이 보조 연료탱크를 떨어뜨릴 수밖에 없는 시점에 P-47을 전투에 끌어들여 엄호 항속거리를 줄이는 경우가 많았다. P-38은 항속거리가 더 길었으나 독일 상공에서의 공중전 대부분이 벌어진 6,000미터보다 높은 고도에서는 성능이 떨어졌다.

• 머스탱 참전

노스아메리칸North American사의 P-51B 머스탱이 1943년 12월에 도착하자 위기가해소되었다. 롤스로이스 멀린 엔진을 동력원으로 하고 340리터 보조 연료탱크를 장비한 머스탱의 항속거리는 1,600킬로미터에 달해 엠덴Emden, 킬Kiel, 브레멘Bremen까지 폭격기를 호위할 수 있었다, 1944년 5월에 도착한 물방울 모양 캐노피를 장비한 P-51 D형은 날개가 강화된 성능 개선 모델이었다. 이례적으로 많은 연료를 탑재할 수 있었고 보조 연료탱크까지 갖춘 D형의 항속거리는 2,400킬로미터여서 독일 내 어떤 목표물까지든 호위 비행이 가능했을 뿐 아니라 소련까지 날아가 왕복 비행을 한 적도 있었다.

P-51D 형은 수평기동 비행에서는 Me 109G 형과 동등한 성능을 보였으며 상승률과 급강하 성능은 우세했다. 독일 전투기는 회전율 부분에서만 P-51D와 동등했다. P-51D의 체공시간은 9시간에 이르렀다. 미 육군 항공대는 P-51D의 등장으로 제공권 쟁탈전을 도발하고 승리를 거둘 호위전투기를 가지게 되었다. 1944년 1월에 미군은 개선된 폭격기 지원 릴레이 시스템을 도입해 전쟁이 끝날 때까지 표준으로 유지했다. 이 시스템에서는 전투기가 사전에 지정된 폭격기와 합류하는 지점까지 비행한 다음 다른 부대와 교대할 때까지 비행하는 대신 1개 전투비행단이 폭격기 이동 경로에 있는 한 지역 전체를 맡아 폭격기 편대가 통과하는 동안 해당 지역을 초계했다.

제공권 쟁탈전

1944년 5월 30일, 제8공군 머스탱 에이스 조지 프레디George Preddy 소령은 자신의 교전 보고에 이렇게 썼다.

"폭격기들이 마그데부르크Magdeburg에 접근할 무렵 … 본관은 7대로 구성된 편대의 선도기로 주대에서 상당히 떨어진 후미의 박스형 편대를 근접 엄호하고 있었음. 앞쪽 편대를 공격하는 20~30대 정도의 적 전투기를 포착한 아군 편대는 보조 연료탱크를 투하하고 적기를 향함. 아군 편대는 밀집 비행하는 Me 109 3대의 뒤로 다가간 다음 300야드(274미터) 거리에서 사격을 개시하며 거리를 150야드(137미터)까지 좁혔음. Me 109 한 대가 화염에 휩싸이며 폭발해 추락함. 본관은 두 번째 109 뒤로 미끄러지듯 다가가 거리를 200야드(183미터)에서 100야드(91미터)로 줄이며 사격함. 적기가 불타오르기 시작하더니 즉시 공중에서 분해되어 나선을 그리며 추락함. 세 번째 적기는 아군을 보고 이탈함. 본관은 급격한 각도로 선회하고 급강하와 급상승을 하며 적기를 추격함. 본관은 적기에 여러 번 편차사격을 가해 날개와 꼬리 부분에 다수의 명중탄을 기록함. 본관의 전투기 탄약이 소진되어 휘하 소대장 위스너Whisner 중위가 공격을 계속해 여러 번 훌륭한 명중탄을 기록함. 7,000피트(2,133미터)에서 적 조종사는 낙하산으로 탈출했음."

가장 경험 많은 P-47 전투비행단은 적의 저항이 예상되는 구역을 할당받았다. 반면 P-38과 P-51로 구성된 비행단은 폭격 항로의 목표물 인접 구간을 맡았다. 머스탱이 도착하자 폭격기 편대 구성의 또 다른 전술적 변화가 촉진되었다. 폭격기 대형은 12기로 구성된 3개 비행대로 줄었다. 선도 비행대는 중앙에, 2개 후속 비행대는 그 위와 아래에서 대형을 형성했다. 전반적 전력은 3분의 1이 줄었으나 새 대형이 차지한 공간은 이전 대형보다 17퍼센트 더 늘었다. 이로 인해 조종사들의 긴장이 줄고 상공의 머스탱들이 엄호를 제공하기가 더 쉬워졌다. 머스탱은 영국 본토 방공전에서 Me 109가 그랬듯이 폭격기 편대의 근접 엄호뿐만 아니라 적을 수색해 격멸하는 역할을 맡은 전투 초계 활동도 했다.

항공모함

(1941~1945)

태평양전쟁 승리의 열쇠

1942년부터 1945년 사이에 태평양을 사이에 두고 벌어진 전쟁에서 미국은 기술과 기량을 한데 모아 해상전을 새로운 영역으로 밀어 올렸다. 제1차 세계대전에서는 전함이 18.3킬로미터 거리에서 포격하며 바다를 지배했다. 광활한 태평양에서 가장 중요한 함선은 항공모함이었다. 항공모함이 탑재한 급강하폭격기와 뇌격기는 수백 마일 떨어진 적을 타격할 수 있었다.

항공모함은 1차 세계대전에서 사용되었던 수상기모함의 후예다. 앞뒤가 훤히 뚫린 비행 갑판을 이용해 항해 중에 비행기를 발진시킬 수 있었던 진정한 의미의 첫 항공모함은 영국 해군이 수상기모함을 개조해 만든 HMS 아거스Argus함으로 1918년 10월에 취역했다. 전후 몇 년 동안 가장 강력한 태평양의 해상세력인 미국과 일본이 영국을 따라 항공모함 건함 경쟁에 뛰어들었다. 두 해군 모두 1921년경에는 항공모함 3척을 운용하고 있었다. 1941년 봄에는 미국과 일본 해군이 보유한 항공모함 수에 격차가 생겼다. 일본군은 미 해군의 4척에 비해 10척이라는 결정적 우위를 누렸다.

• 진주만

하지만 전함을 10척씩 보유한 미국과 일본 해군은 아직 전함이 해양 패권을 결정지을 무기라고 보았고 전함에 결정적 역할을 맡길 계획이었다. 진주만 기습은 이 모든 것을 바꾸어놓았다. 1941년 11월 26일, 항공모함 6척을 주축으로 한 일본 함대가 출항했다. 구름과 소나기의 보호를 받으며 무선침묵을 유지한 일본 함대는 하와이제도의 오아후Oahu섬에 있는 진주만의 미 해군기지에서 322킬로미터 떨어진 공격 위치에 도달했다. 수개월간 일본 외교 암호를 가로채 해독하던 미국은 일본의 의도를 인지했지만 일본의 정확한 계획까지는 알지 못했다.

12월 7일 오전 07시 55분, 일본군은 진주만을 공격해 완벽한 기습을 달성했다. 항공모함에서 발진한 비행기들은 진주만에 정박해 있던 미군 전함 8척을 격침하거나 행동 불능으로 만들었고 지상에서 비행기 300대를 격파했다. 하지만 일본군은 진주만의 도크와 저유 시설을 파괴하지 못했다. 만약 그랬더라면 미 태평양함대는 본토 서해안으로 퇴각할 수밖에 없었을 것이다. 그리고 항공모함 2척도 진주만에 있지 않고 훈련 항해 중이었고(항공모함 엔터프라이즈는 웨이크Wake섬 기지에 전투기를 수송하고 귀환하고 있었고 항공모함 렉싱턴은 미드웨이환초Midway atoll 기지에 전투기를 수송하러 가는 길이었다－옮긴이) 세 번째 항공모함은 캘리포니아에서 수리를 받고 있었다. 진주만에서 입은 타격으로 인해 항공모함 대 전함 논쟁은 잔인할 정도로 명백하게 항공모함의 우세로 결론이 났다.

• 새 시대

6개월 뒤, 산호해 해전Battle of the Coral Sea(1942년 5월 4~8일)에서 해전의 새 시대가 개막했다. 이 사상 최초의 항공모함 간 대규모 충돌에서 양측 함대는 서로를 볼 수 있는 거리 밖에서 싸웠다. 산호해에서 일본군은 미군 항공모함 렉싱턴Lexington을 격침하고 요크타운Yorktown에 손상을 입혔다. 두 척 모두를 격침했다고 믿은 일본군은 미드웨이섬 탈취 계획을 추진했다. 하와이는 미드웨이에서 발진한 비행기의 타격 범위 안에 있었다.

그때 즈음 값을 따질 수 없는 이점이 미군 손에 떨어졌다. 미국은 JN-25라는 일본군 해군 암호를 해독해 미드웨이 탈취를 위해 일본이 집결한 강력한 기동부대를 물리칠 수 있는 곳에 함대를 배치했다. 그 뒤 벌어진 제2차 세계대전의 가장 결정적 대결 중 하나인 이 항공모함 전투에서 미군 급강하폭격기는 일본군 항공모함 4척을 격파하고 태평양에서의 세력 균형을 뒤집었다. 일본은 이제 쉽게 획득한 광대한 해양 제국을 언제 어디에서든 공격할 수 있는 미군으로부터 방어해야 하는 처지에 몰렸다.

> 귀국은 시간이 지남에 따라 손실을 보충하는 것은 고사하고 약해질 수밖에 없을 것입니다. … 시간이 지나면 우리는 손실을 보충할 뿐 아니라 더 강해질 것입니다. 우리가 귀국과의 관계를 완전히 끝내기 전에 귀국을 분쇄하리라는 것은 필연적입니다.
>
> - 해군참모총장 해럴드 스타크Harold Stark 제독, 주미일본대사 노무라 기치사부로野村吉三郎에게, 1941년

· 태평양 진공

과달카날Guadalcanal섬 소탕전(1942년 8월~1943년 2월)을 시작으로 미군은 태평양에서 일본을 향해 진공을 개시한다. 이 과정에서 치열한 항공전, 지상전, 해전이 여러 번 벌어졌고 이 소모전에서 일본의 전력은 완전히 소진되었다. 1944년 중반에는 1941년 이래 현역에 있던 일본 항공모함 15척 대부분이 격침되었거나 수리할 수 없을 정도로 중파되었고, 미 해군에 추가된 27척 중에서는 1척만 격침되었다[개전부터 종전까지 미국이 상실한 정규 항공모함은 렉싱턴(1942년 5월 격침), 요크타운(1942년 6월 격침), 와스프Wasp(1942년 9월 격침), 호닛Hornet(1942년 10월 격침)으로 총 4척이다. 1943년부터 취역한 정규 항공모함 가운데 격침된 항공모함은 없다－옮긴이]. 필리핀해 해전Battle of the Phillliphine Sea(1944년 6월)에서 재편된 일본 항공모함 부대는 750대의 비행기를 잃었다. 이 전투는 나중에 '마리아나의 칠면조 사냥'이라고 알려졌다. 1944년의 레이테만 해전Battle of Leyte Gulf에서 일본 항공모함 4척이 또 격침당했다. 신형 일

본 전투기들이 일선에 배치되기 시작했으나 이제 이들이 발진할 항공모함이 없었다.

1944년 10월부터 일본군은 가미카제神風 자폭 공을 거듭 실행했다. 가미카제 공격에 나선 가장 큰 무기는 7만 8,000톤급 전함 야마토Yamato, 大和였다. 야마토는 오키나와의 미군 상륙지를 공격하러 1945년 4월 6일에 세토내해瀬戸内海에서 출격했다. 야마토는 편도 항해에만 충분한 연료를 싣고 미군 진지를 포격하기 위해 오키나와 해안에 좌초할 계획이었다. 4월 7일, 야마토와 호위 구축함들은 미군에게 발각되어 미 항공모함 부대에서 발진한 공격기들로부터 제파공격을 받았다. 미군은 단 10기의 비행기만 잃고 사상 최대의 전함을 바다 밑바닥으로 보낼 수 있었다.

• 에식스급 항공모함

1939년에 구상된 에식스Essex급 항공모함은 최종적으로 24척이 건조되었는데, 20세기의 주력함으로는 가장 많은 수가 건조된 함급이다. 태평양전쟁에서 에식스급은 태평양함대 전투력의 주력을 차지했으며 1970년대까지 일선에 있었다.

에식스급의 배수량은 2만 7,200톤이었으며 길이는 250미터였다. 에식스급 항공모함들은 15만 마력의 출력을 내는 웨스팅하우스Westinghouse 기어드 터빈 4개로 32노트의 속력을 낼 수 있었다. 방어 화

급강하폭격기

커티스Curtiss사의 SB2C 헬다이버Helldiver 급강하 폭격기는 강력한 복좌식 급강하폭격기로 455킬로그램(1,000파운드) 폭탄과 방어용으로 날개에 탑재한 0.5인치(12.7밀리미터) 브라우닝 기관총 4정, 후방 좌석의 선회식 총좌에 0.3인치(8밀리미터) 기관총을 탑재했다. 헬다이버의 최대 속력은 고도 3,810미터에서 시속 452킬로미터였고 실용상승고도는 7,620미터에 항속거리는 1,770킬로미터였다. 이 비행기는 1943년 11월에 처음으로 태평양 전선에 등장해 제2차 세계대전에서 연합군이 가장 많이 운용한 급강하폭격기였다. 그러나 '2류 개자식Son of a Bitch Second Class'이라는 별명이 암시하듯, 나쁜 조종성 때문에 탑승원들에게 인기가 없는 기체이기도 했다.

력도 무시무시했다. 마크 37 사격통제장치가 통제하는 5인치(12.7센티미터) 포 12문, 마크 51 사격통제장치의 통제를 받는 1.5인치(40밀리미터) 대공포 40문을 장비했고 근접방어용으로는 0.79인치(20밀리미터) 기관포 55문을 갖췄다.

항공모함의 유명한 '선데이 펀치Sunday Punch'(강력한 타격력—옮긴이)는 탑재한 전투기 36기, 급강하폭격기 36기, 뇌격기 18기의 몫이었다. 표준 전투기는 커다란 덩치의 맷집이 좋은 F6F 헬캣Hellcat으로 일본 전투기보다 성능이 한 수 위였다. 급강하폭격기는 중무장한 복좌식의 커티스SB2C 헬다이버로 제2차 세계대전에서 연합군이 가장 많이 운용한 급강하폭격기였다. 뇌격기는 뛰어난 설계의 튼튼한 TBF 어벤저Avenger였다. 이 3종은 함께 운용되며 가공할 위력을 발휘했다.

항공모함은 첨단기술의 선두를 달리는 장비들로 가득 차 있었다. 대공, 대수상 수색 레이더와 사격통제 레이더가 있었고, 평면위치표시기 plan position indicator(PPI)로 함선들의 항적을 확인하고 다수의 항공모함으로 구성된 부대가 밤이나 악천후에도 고속으로 항진하며 대형을 유지할 수 있었다. 피아식별장치IFF로는 적 함선이나 비행기를 식별했다.

에식스급 항공모함 중 전쟁에서 손실된 배는 한 척도 없었다. 태평양전쟁 동안 이들은 1943년에 길버트제도Gilbert Islands의 타라와Tarawa섬 상륙, 일본 본토 폭격, 연합군 함대 보호, 비행기와 병력 수송에 참여하는 등의 핵심적 역할을 했다. 에식스급 항공모함은 한국전쟁에 11척, 베트남전쟁에 13척이 참전했지만 노후화가 진행되자 나중에 이들의 역할은 헬리콥터 모함과 대잠 초계용 플랫폼으로 제한되었다.

암호 해독

(1923~1945)

제2차 세계대전 최고의 기술 승리

제2차 세계대전에서 연합군은 가장 큰 승리 중 하나를 전장이 아닌 버킹엄셔Buckinghamshire 시골의 빅토리아풍 대저택에서 거뒀다. 이 집의 이름은 블레츨리 파크Bletchley Park로 영국 정부 암호학교 GCCS가 이곳에 있었다.

에니그마Enigma 기계로 암호화된 독일군 최고 기밀 전문을 영국이 해독한 곳이 바로 이곳이다. 에니그마는 1920년대에 독일인 아르투어 셰르비우스Arthur Scherbius가 발명해 출시했다. 셰르비우스는 에니그마가 사업 교신의 기밀을 지키는 방법으로 이용되리라고 내다보았지만, 독일 국방군은 에니그마의 군사적 잠재성을 재빨리 알아보았다. 1935년경, 에니그마는 독일 국방군 3군과 모든 정보기관이 사용하는 표준 장비로 채택되었다.

• 폴란드가 돌파구를 열다

1930년대 초, 폴란드군 정보국의 한 연구팀이 초기 형태의 에니그마 암호를 해독했다. 1939년 9월, 전쟁이 벌어지기 전에 폴란드는 영국과 이 지식을 공유하며 에니그마 기계 한 대를 증정했다. 블레츨리 파크의 수학자들은 즉시 폴란드가 해독에 실패한 개정판 에니그마 암호 해독에 착수했다. 전쟁이 끝날 무렵에 블레츨리 파크에는 약 1만 명이 부지 여기저기에 임시로 지은 사무실에서 근무하고 있었다.

블레츨리 파크는 뛰어난 괴짜와 부적응자들이 한가득한 전형적인 영국적 조직이었다. 직원 중에는 컴퓨터의 아버지 앨런 튜링Allan Turing, 미래의 내무장관 로이 젠킨스Roy Jenkins가 있었다. 보안이 엄격했고 블레츨리 파크에서 일어난 일은 1970년대까지 기밀로 분류되었다. 에니그마 해독에 붙은 암호명은 '울트라Ultra'였다.

> **"황금알을 낳은 거위지만 한 번도 시끄러운 소리를 내지 않았다."**
>
> **- 윈스턴 처칠, 블레츨리 파크의 암호분석가들에 대해**

에니그마의 작동 방법을 아는 것만으로는 충분하지 않았다. 하루에 최대 3회까지 바뀌던 에니그마의 암호 키를 발견하는 게 중요했다. 존재가 최고 기밀이던 영국 무선통신 방수 네트워크인 Y기관Y Service 요원들은 고감도 미국제 수신기를 이용해 모스부호로 송신되는 의미 없

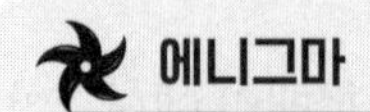

에니그마

에니그마는 휴대용 타자기와 현금출납기를 섞어 놓은 형태처럼 생겼다. 내부 시스템은 기어, 전선과 드럼 여러 개로 복잡하게 구성되었다. 각 드럼 바깥쪽에는 알파벳이 각인되어 있었다. 에니그마 조작원이 키보드의 글자 하나를 타자할 때마다 이 글자는 이론적으로는 158조 개에 이르는 다른 글자로 무한정 변환될 수 있었다. 예를 들어 키보드의 A를 누르면 M으로 변환되고, 해독기에서 M을 누르면 다시 A로 변환되었다. 송신기와 수신기가 같은 시간에 설정을 바꾸기만 하면 아무리 자주 설정을 바꾸어도 시스템이 계속 유지되었다. 겉보기에 무작위로 이루어진 글자의 모임 같은 암호화된 전문은 모스부호로 오가는 무선통신을 엿듣는 적으로부터 정보를 보호했다. 독일군은 에니그마의 암호를 해독하는 것은 불가능하다고 믿었다.

어 보이는 글자들의 모음을 유심히 들었다. 이것을 기록으로 옮겨 블레츨리 파크로 이송했고, 이곳에서 에니그마의 암호 키가 풀렸다.

· 봄베

영국 암호 해독자들이 원래 이용한 무기는 봄베[Bombe]라고 알려진 전기 기계식 컴퓨터로 앨런 튜링이 상당 부분을 설계했다. 이 기계는 에니그마의 전기회로와 짝이 맞춰져 있었다. 여기서 독일군이 저지른 부주의가 끼어들었다. 송신국은 수신국에 자신의 에니그마가 어떤 방식으로 설정되어 송신하는지를 알려줘야 했기 때문에 송신국의 에니그마 운용 요원은 보내는 전문마다 같은 글자가 반복된 문자열을 앞에 첨부했다. 훈련받은 수학자가 이렇게 정해진 패턴을 접한다면

연합군의 비밀

영국은 비밀인 울트라를 동맹국 미국과 공유했으나 소련에는 울트라에서 도출한 정보의 요약본만을 전달했다. 정보를 전달할 때는 주의 깊게 세탁해 출처를 알 수 없도록 했지만 블레츨리 파크에는 소련 간첩이 최소한 한 명 이상 있었다. 1943년 여름, 존 케언크로스John Cairncross는 독일군이 쿠르스크 전투(1943)에 대비해 오래전부터 축적해온 전력에 대해 토의하는 장문의 내용이 실린 1차 해독본을 소련 정보당국에 전달했다.

전문을 해독할 실마리를 찾아내 전문 전체의 의미를 파악할 수도 있었다. 루프트바페의 암호 키는 육군, 해군(크릭스마리네)과 정보기관의 암호 키보다 해독하기 쉬웠다.

• 콜로서스

1941년에 독일은 모스부호가 아닌 텔레프린터teleprinter(전기신호를 자동으로 문자로 변환해 인쇄하거나 천공 테이프에 기록하는 기계–옮긴이) 전문 송신 방법을 도입했다. 로터가 12개 달린 극도로 복잡한 로렌츠Lorenz 암호기는 전문을 암·복호화해 천공 테이프의 도움을 받아 1초에 25개의 문자를 송신했다. 에니그마보다 보안이 강화된 로렌츠를 빠르게 해독하는 것은 봄베의 능력 밖의 일이었다. 에니그마로 발신한 전문은 일상적인 명령부터 1943년 쿠르스크의 병력 집결처럼 상세한 전투계획까지 다양했다. 블레츨리 파크에서 암호기를 '튜니Tunny'로, 암호를 '피시Fish'로 부른 로렌츠는 독일 육군 최고사령부와 야전의 각 군사령관 사이의 교신에만 사용되었다.

뛰어난 암호 해독자인 존 틸트먼John Tiltman이 통계 분석에 의존한 수작업으로 1941년에 '피시' 암호를 해독하는 데 성공했다. 하지만 그 뒤에 독일이 암호를 개정하면서 이 방법을 사용할 수 없게 되었다. 1943년 5월, 북아프리카에서 로렌츠 암호기 2개를 노획하면서 100개에 가까운 밸브가 달린 반전자식 기계를 제작했다. 이 기계는 서둘러 임시변통으로 만들어졌다는 점 때문에 히스 로빈슨Heath Robinson(영국의 만화가. 암호해독기와 비슷한 모양의 복잡한 기계를 자주 그린 것으로 유명하다 – 옮긴이)의 이름을 따와 '로빈슨Robinson'이라는 별명으로 불렸다. 얼마 후 영국 우정청British General Post Office(GPO) 연구부의 맥스 뉴먼Max Newman과 T. H. 플라워스T. H. Flowers가 만든 더 강력한 콜로서스 기계가 개발되었다. 전자식 릴레이 대신 밸브 1,500개가 달린 이 기계는 1944년 초부터 피시 암호를 해독하기 시작했다.

우정청 팀은 콜로서스의 더 강력한 버전인 콜로서스 II를 3개월 안에 만들라는 명령을 받았다. 이들은 블레츨리 파크에 있는 한 건물에서 이를 제작하는 데 성공했다. 밸브 2,400개를 갖춘 콜로서스 II는 마찰 기어로 움직이는 천공 테이프를 장착했는데 광전식 판독기로 읽히는 이 테이프는 제한적으로 메모리 역할을 했다. 세계 최초의 프로그램이 가능한 전자 디지털 컴퓨터인 콜로서스 II는 1944년 6월 1일이라는 아

암호 해독

블레츨리 파크의 암호 해독자들은 단속적으로만 크릭스마리네 암호를 해독할 수 있었다. 1941년 2월에서 1942년 12월 사이에 이들은 유보트가 사용한 암호를 뚫고 들어가지 못했는데, 뜻밖에 봄베가 도움이 되었다. 암호 해독자들과 연합군의 해상전 기술력이 합쳐져 대서양 전투(36장 참조)의 위기는 6개월 안에 끝날 수 있었다. 하지만 블레츨리 파크는 게슈타포의 암호 키에는 침투할 수 없었다. 이런 좌절에도 불구하고 전쟁이 끝날 무렵에 영국군은 에니그마로 발신되는 통신의 상당 부분을 독일군과 같은 속도로 읽어보고 있었다.

주 중요한 시점에 실전에 투입되었다.

독일이 점점 불리한 입장에 처하고 통신망의 질이 저하하면서 최고사령부는 점점 더 피시 암호 통신에 의지하게 되었다. 콜로서스로 해독한 피시 암호를 통해 영국과 미국은 중요한 정보 다수를 수확했다. 노르망디 전투 중 블레츨리 파크는 몽고메리 원수에게 독일군 전력의 일일 현황과 연합군 공습의 효과에 대한 정보를 전할 수 있었다. 또한 블레츨리 파크는 모르탱Mortain에서 노르망디 전선을 돌파할 계획이던 조지 S. 패튼George S. Patton 장군의 측면에서 반격하려는 히틀러의 의중을 먼저 간파했다. 이 정보 노출로 인해 후퇴하던 독일군 병력 5만 명이 팔레즈Falaise에서 포위당했다. 1945년 5월 무렵에 블레츨리 파크에는 10대의 콜로서스가 있었으며 전쟁이 끝난 후 모두 파기되었다.

42 · The atom bomb

원자폭탄

(1934~1945)

세계 멸망을 향한 한 걸음

1945년 이래 전 세계에 어두운 그림자를 던진 무기가 19세기 의학 연구에 기원을 두었다는 것은 대단한 아이러니다. 치료법의 발견은 살상법 개발로 이어졌다.

원자폭탄은 19세기 후반의 앙리 베크렐의 방사능 발견, 피에르 퀴리, 마리 퀴리의 라듐 발견, 빌헬름 뢴트겐의 X선 발견과 1900년에 어니스트 러더퍼드가 개요를 서술한 베타선의 발견에서 기원한다. 헝가리 태생 유대인 물리학자 레오 실라르드Leo Szilard는 1934년에 특정 원자핵에 중성자neutron로 알려진 입자를 쏘면 이 원자를 쪼갤 수 있다는 사실을 발견했다. 쪼개진 원자는 더 많은 중성자를 방출하며 더 많은 원자핵을 쪼개게 되고, 이 과정이 반복되면 엄청난 양의 에너지를 방사하는 연쇄반응이 일어나게 된다.

과학자들은 이 에너지를 이용해 가공할 위력을 가진 폭탄을 만들어낼 수 있다는 사실을 깨달았다. 영국에서는 나치 독일을 피해 온 두 사람, 오토 프리슈Otto Frisch와 루돌프 파이어럴스Rudolf Peierls가 폭탄 제조에 필요한 즉시 폭발성 연쇄반응을 생성하려면 우라늄의 드문 변종(우라늄 235)이 필요하다는 사실을 발견했다. 그동안 프랑스에서 연구하던 과학자들은 인공원소인 플루토늄으로도 폭탄을 만들 수 있음을 발견했다.

• 아인슈타인의 발명

독일에서도 원자력 연구가 진행 중이었고 과학자 상당수는 아돌프 히틀러의 손에 원자폭탄이 들어가면 무슨 일이 벌어질지 두려워했

핵무기를 향한 독일의 야망

제2차 세계대전에서 가장 다행스러운 일은 독일이 원자폭탄을 만들지 않았다는 것이다. 1930년대에 히틀러가 유대인을 박해하자 재능 있는 독일 과학자 다수가 외국으로, 궁극적으로 연합군의 품으로 들어갔다. 나치 독일이라는 국가가 원래 혼란스럽고 소모적인 경쟁적 성격이 강한 데다 라이벌 관계에 있는 수많은 조직이 개입했다는 점도 개발 노력을 한곳에 집중하는 데 장애물이 되었다. 맨해튼 프로젝트의 성격과는 딴판이었다. 1944년경, 히틀러는 전세 역전을 기대하며 눈이 휘둥그레지게 다양한 종류의 재래식 무기 개발에 집착했지만 나치 독일은 더 이상 버틸 수 없었다. 히틀러는 1942년에 핵무기의 가능성에 대해 보고받았으나 독일 연구진은 우라늄-235(원자폭탄의 핵심적 핵분열성 물질)를 분리하는 데 실패했다. 1944년 여름 무렵, 독일 과학자들은 핵무기 개발에 필수적인 원자로를 건설하는 일이 거의 불가능하다는 결론에 겨우 도달했다.

다. 1939년, 미국에서 당대 최고의 물리학자이자 독일 난민인 알베르트 아인슈타인Albert Einstein은 루스벨트 대통령에게 독일이 핵무기를 만들지도 모른다고 경고했다. 실라르드의 촉구를 받은 아인슈타인은 미국에서도 원자폭탄 연구 프로그램을 시작하자고 제안하고, 다만 이 폭탄을 절대 사용하면 안 된다고 덧붙였다.

루스벨트 대통령은 우라늄 위원회를 설립하는 것으로 응답했다. 이 위원회는 1941년에 원자폭탄을 설계하고 제조하는 작업이 가능하다고 보고하며 원자폭탄이 전황에 '결정적' 영향을 끼칠 것이라고 결론 내렸다. 암호명 '튜브 합금Tube Alloy'인 핵무기 프로젝트를 독자적으로 진행 중이던 영국은 1941년에 미국이 참전하자 자료를 미국과 공유했다. 합동 연구는 맨해튼 프로젝트Manhattan Project라는 암호명으로 미국에 이전되었다. 연합군 최고의 과학자 다수가 뉴멕시코주 로스 앨러모스Los Alamos에 특별히 설립된 연구 단지에 모였다. 추진력이 강한 미군 장성인 레슬리 그로브스Leslie Groves 장군이 시설 건립, 원자재와 장비 확보, 숙소와 폭탄 실험 시설 건설을 맡았다. 맨해튼 프로젝트의 과학 부문 최고책임자는 로버트 오펜하이머Robert Oppenheimer였다.

미국만이 맨해튼 프로젝트에 무제한으로 예산을 퍼부을 능력이 있었다. 1945년 봄쯤에는 북미대륙의 30개 장소에서 약 12만 9,000명이 이 프로젝트에 종사하고 있었다. 그 가운데 중요한 곳인 테네시주 오크리지Oak Ridge에는 원자폭탄 제조에 필요한 핵분열 물질을 생산하는 우라늄 분리 공장이 있었다. 1945년 10월경에는 맨해튼 프로젝트에 거의 2억 달러가 들었는데 그중 90퍼센트가 공장 건립과 핵분열 물질 생산에 들어갔다. 공장에 책정된 원래 예산은 9천만 달러였다.

1945년 초여름이 되자 원자폭탄이 일본에 투하되리라는 점에는 의문의 여지가 없었다. 1944년 11월부터 제20, 제21 폭격사령부 예하 보잉Boeing B-29 슈퍼포트리스 폭격기들은 일본에 연달아 파멸적인 소이탄 공격을 벌이며 주요 도시들을 폐허로 바꿔놓고 있었다. B-29는 제2차 세계대전기 항공 기술의 대표나 다름없었다. B-29에 원자폭탄을 탑재하기 위한 개조 작업이 1943년 여름에 시작되었고 1944년 여름에는 특별부대인 제509혼성비행단이 투하 훈련을 시작했다.

미 육군 참모총장 조지 C. 마셜George C. Marshall 장군은 해상봉쇄와 소련의 참전만으로도 일본은 어쩔 수 없이 항복할 것이라고 믿었다. 하지만 미국의 신임 대통령 해리 S. 트루먼Harry S. Truman은 이미 마음을 먹었다. 그는 이렇게 엄청난 비용을 들여 폭탄을 만든 이상 사용해야 하며, 그럼으로써 전시 동맹국인 소련에게 전후 세계가 어떤 구도로 펼쳐질지 분명한 메시지를 보내야 한다고 생각했다.

• 리틀보이와 팻맨

맨해튼 프로젝트에서 작업하던 과학자들은 두 종류의 원자폭탄을 만들었다. 어뢰 모양으로 생기고 우라늄으로 연쇄반응을 일으키는 폭

원자폭탄 공격

원자폭탄을 투하하는 임무에 선정된 B-29는 폴 W. 티베츠Paul W. Tibbets 대령이 조종했다. 대령의 모친 이름을 딴 '에놀라 게이Enola Gay'라는 별명이 붙었다. 8월 6일, B-29가 히로시마에 접근했다. 오전 08시 15분 17초, B-29의 폭탄창 문이 열렸다. 리틀 보이는 목표물로부터 3만 9,500미터 거리에서 하강하기 시작해 조준점 600미터 상공에서 폭발했다.

고도를 높이던 에놀라 게이의 탑승원들은 생생한 불빛을 목격했다. 그다음 2차에 걸쳐 충격파가 비행기를 강타했다. 그들 아래로 약 24킬로미터 떨어진 곳에서 원자폭탄이 재래식 폭약 2만 9,000톤의 위력으로 폭발하자 공 모양의 화염이 위로 솟구쳤다. 이 폭발로 히로시마시 13제곱킬로미터가 파괴되고 7만 5,000명이 사망했다. 그럼에도 일본은 항복하지 않았고, 8월 9일에 팻 맨이 나가사키에 떨어져 3만 5,000여 명이 사망했다. 일본은 1945년 9월 2일에 항복문서에 조인했다. 이로써 핵 시대가 시작되었다.

탄은 '리틀 보이Little Boy'라는 별명으로 불렸다. 플루토늄을 사용한 더 뚱뚱한 폭탄은 '팻 맨Fat Man'이라고 불렸다.

1945년 7월에 제509혼성비행단은 마리아나제도 티니안Tinian섬으로 이전 배치되었다. 그리고 7월 16일, 맨해튼 프로젝트 소속 과학자들은 뉴멕시코의 사막 앨라모고도Alamogordo에서 첫 핵 기폭장치를 폭발시켰다.

7월 24일, 새로 편성된 태평양 전략공군 사령관 스파츠 장군이 제509혼성비행단에 작전명령을 내렸다. "8월 3일 이후 날씨가 허용하는 대로 다음 목표물 중 하나에 첫 특수 폭탄을 투하할 것: 히로시마, 고쿠라, 니가타, 나가사키." 8월 2일에 리틀 보이는 티니안섬에서 조립이 완료되었고 그날, 폭격 피해를 보지 않은 산업 중심지이자 항구인 히로시마가 주 목표물로 선정되었다.

(Chapter 8)

냉전과 그 후

43 · Ballistic missiles

탄도미사일

(1955~2012)

핵 억지력의 주축

제2차 세계대전 때 독일은 잠수함 발사 미사일을 실험했고, 종전 직후 미 해군의 건함 계획 중에는 '잠수 미사일 바지선submersible missile barge'이 있었다. 함대형 잠수함이 예인해 수중에서 V-2 미사일을 발사하는 바지선이었다. 룬Loon 순항 미사일(미국에서 제작한 V-1)을 탑재하도록 함대형 잠수함 커스크Cusk를 개조하는 프로젝트도 있었다. 잠수함은 발각되지 않고 적의 해안까지 접근할 수 있었으므로 매혹적인 개념이었다. 잠수함 발사 미사일의 단점은 항공모함 비행단에 비하면 타격력이 미미하다는 것이었으나 1950년대 들어 핵탄두가 개발되면서 상황이 완전히 바뀌었다.

1950년대 초, 미국은 소련과 공산 중국의 수적 우위를 진보한 기술로 상쇄했다. 미국 군산 복합체는 행정부가 바뀔 때마다 비용을 치르면 무엇이든 가능하다고 말했다. 원자력 추진 잠수함은 건조에 큰 비용이 들었지만 정치인들은 그만 한 돈을 들일 가치가 있다고 보았다.

" 핵동력으로 잠항 중.

- 원자력 잠수함 노틸러스의 신호, 1955년 1월 17일

• 핵 세계

1954년경, 산업 동력원으로서 핵에너지는 미래를 여는 열쇠로 보였고 미국과 영국, 그리고 전자는 불길한 느낌을 받았겠지만, 소련도 원자로에서 민간용 전력을 생산하고 있었다. 1955년, 미 해군은 세계 최초의 실용 원자력 잠수함인 USS 노틸러스Nautilus를 완공했다. 노틸러스라는 이름은 프랑스 공상과학 소설가 쥘 베른의 『해저 이만리』에 나오는 잠수함이자 제2차 세계대전 때 활약한 동명 잠수함의 이름을 딴 것이다.

노틸러스함은 해군의 신기원을 연 함선이자 드레드노트형 전함처럼 모든 면에서 혁명적이었다. 식량과 승조원들의 기력이 남아 있는 한 계속 항해할 수 있었고, 특별하게 강화한 유선형 선체 덕에 300미터 이하로 잠항해 20노트 이상의 속력으로 나아갈 수 있었으며, 이산화탄소 포집장치를 통해 공기를 순환해 무한정 수중에 머무를 수 있었다. 1955년 1월의 시험 항해에서 노틸러스는 미국 코네티컷주의 뉴런던에서 푸에르토리코의 산후안까지 수중으로 2,000킬로미터 거리를 90시간 이내에 주파했다. 그때까지 잠수함이 세운 잠수 순항 기록 중 가장 긴 시간이었다.

• 폴라리스

미 해군의 첫 잠수함 발사 미사일 계획은 레귤러스Regulus와 주피터

1945년에 독일을 휩쓴 소련은 유보트가 예인하도록 설계된 큰 컨테이너를 발견했다. 컨테이너에 실린 V-2 미사일들은 미국 동해안에서 뉴욕으로 발사될 예정이었다. 처음에 소련은 골렘Golem이라는 암호명으로 비슷한 계획을 만들었다가 잠수함에서 직접 미사일을 발사하기로 하면서 이 계획을 포기했다. 1955~1956년에는 사크Sark 미사일을 탑재하도록 '줄루Zulu'급 잠수함을 개조했다. '호텔Hotel'급 잠수함은 SS-N-4 단거리 미사일 3발을 탑재했다.

Jupiter 프로젝트라는 실패작으로 시작했다. 처음에는 순항 미사일을 전략 미사일로 사용하려고 했으나 순전히 주피터와 레귤러스 미사일의 무게만으로도, 무엇보다 잠수함이 미사일을 발사하기 위해 부상해야 한다는 점 때문에 비실용적인 시스템이라는 결론에 이르렀다. 잠수함은 부상했을 때 제일 취약한데, 연료를 채운 미사일이 갑판에 있으면 더더욱 취약해졌다.

> **노틸러스함의 수병과 장교들의 기량, 전문적 능력과 용기는 미합중국 군대의 가장 고귀한 전통과 우리 조국의 오랜 특징인 개척자 정신에 부합한다.**
>
> \- 노틸러스함이 북극의 빙원 아래를 항해한 다음 수여된 미합중국 대통령 표창에서

폴라리스와 그 후계자는 순항 미사일보다 매력적이었다. 미 해군은

1956년에 폴라리스 프로그램을 도입했고, 1960년 7월에 첫 SSBN(탄도 미사일 원자력 잠수함)인 USS 조지 워싱턴George Washington이 잠항 상태에서 처음으로 미사일을 발사했다. 조지 워싱턴이 탑재한 폴라리스 미사일 16발은 개별 발사 튜브에 수납된 채 정비와 조정을 거쳤고, 관성항법 장치로 정확하게 지정된 위치의 수면 아래에서 발사되었다. 목표물은 잠수함과 미사일에 있는 소형 컴퓨터로 설정되었다.

• 폴라리스 A-1 미사일

폴라리스의 첫 모델인 A-1은 사정거리가 1,850킬로미터였고 600킬로그램짜리 W47 단일 핵탄두를 탑재했다. 1962년 5월, 도미닉 작전Operation Dominic에서 기폭 가능한 (폭발력을 줄인) W47 탄두를 탑재한 폴라리스 미사일이 태평양에서 시험 발사되었다. 미국이 실제 탄두를 실은 잠수함 탑재 탄도미사일을 시험 발사한 경우는 이번이 유일했다. A-1은 유럽 주둔 미군이 전개한 제한된 수량의 지상 발사 중거리 탄도탄 시스템을 보충할 전략자산으로 기획되었다. 중거리탄도탄 시스템은 소련 내륙의 목표물을 공격하기에는 사정거리가 부족했으므로 미국은 이미 영국과 스페인에 전진기지를 둔 상태에서 기존 핵억지력의 부족한 측면을 보강하기 위해 폴라리스 미사일을 개발했다.

폴라리스 미사일의 다음 버전은 사정거리가 더 길었다. A-3형은 단일 목표물에 넓게 분산할 수 있는 다탄두 독립목표 재돌입 탄도탄

냉전

노틸러스는 계속해서 잠수함 성능의 신기록을 세우며 제2차 세계대전기 대잠수함전ASW의 기준을 쓸모없게 만들어버렸다. 심해에서 여러 개의 온도층을 항해하는 노틸러스는 소나로 탐지하기가 매우 어려웠다. 레이더 탐지는 불가능했고 노틸러스는 수상의 대잠함보다 빠르게 항해할 수 있었다. 노틸러스에는 핵무기가 탑재되지 않았으나 1957년 인공위성 스푸트니크의 발사로 제기된 소련의 대륙간탄도미사일ICBM 위협에 대해 1958년 미국이 반응하는 데 중요한 역할을 했다. 당시 소련은 잠수함 발사 탄도미사일SLBM 능력을 보유하지 않은 데 반해 미국의 잠수함 발사 탄도미사일 계획은 상당히 진척된 상황이었다. 스푸트니크 발사는 냉전Cold War의 새로운 단계를 열었고, 미국은 북극의 빙원 아래를 항해하는 선샤인 작전Operation Sunshine에 노틸러스를 파견하는 것으로 대응했다. 이것은 1960년대 초 핵탄두를 탑재한 2단 고체연료식 폴라리스 잠수함 발사 탄도미사일 도입의 전초전이었다.

(MIRV)이었다. 포세이돈 미사일로 진화한 B-3형은 소련의 대탄도미사일 방어망(ABM)을 압도하기 위한 고속 강화 재돌입 탄두를 14개까지 탑재했다.

· 영국의 폴라리스

영국은 1960년에 자국의 블루 스트릭Blue Streek ICBM 프로그램이 취소되고 1962년에 보수당 정부가 구매를 희망했던 공중발사 스카이볼트Skybolt 미사일 프로그램을 미국이 포기하자 폴라리스 미사일에 관심을 두게 되었다. 미국의 존 F. 케네디John F. Kennedy 대통령과 영국 수상 해럴드 맥밀런Harold McMillan은 바하마에서 만나 영국 해군이 보유한 레졸루션Resolution급 원자력 잠수함에 탑재할 폴라리스 미사일(탄두 제외, 탄두는 영국이 제작할 예정이었다)을 미국이 공급하는 데 합의했다. 그 대가로 영국은 폴라리스 미사일의 목표물 설정 권한을 언제나 미국 몫이던 유럽연합군 총사령관에게 넘기는 데 동의했다. 폴라리스 미사일의 모스크바 주변 대탄도미사일 방어망 돌파를 달성하기 위해 영국은 상당한 비용을 들여 슈발린Chevaline 프로젝트에 착수했다. 이 프로젝트는 폴라리스에 채프와 다수의 허위 표적을 포함한 다양한 대응 수단을 장착하는 것이었다. 현재 영국 해군은 폴라리스보다 사정거리가 더 길고 더 큰 트라이던트 미사일로 무장하고 있다.

SSBN

SSBN은 원자력 기관으로 고도의 기동성을 갖춘 부유식 미사일 사일로다. 기동성을 보유했기 때문에 SSBN은 지상 발사 미사일과 달리 선제타격으로부터 안전하다. 선제타격론(상호확증파괴MAD)이 주류였던 시절, 첫 번째 공격으로 제거되지 않고, 정확한 2세대 다탄두 독립목표 재돌입 탄도탄(MIRV)으로 적에게 치명타를 입힐 수 있었던 SSBN은 핵억지력의 궁극적 표현이었다.

헬리콥터

(1941~2012)

현대 전장에 가장 잘 적응한 병기

회전익기는 이상적인 군용 플랫폼과는 거리가 멀다. 시끄럽고 연료를 많이 소모하며 자주 정비해야 할 뿐 아니라 적탄에 취약하고 고장이 잘 나며 고정익기에 비하면 훨씬 느리다. 그럼에도 지난 60년간 전투용 헬리콥터는 무기 목록에 추가된 가장 중요한 무기 중 하나로서 전장의 모습을 바꿔 놓았다.

1941년에 세계 최초로 헬리콥터를 군사작전에 사용한 나라는 독일이다. 전쟁 전에 수송과 여객용 비행기로 설계된 포케-아흐겔리스Focke-Achgelis Fa 223 드라헤Drache(용)와 이보다 작은 플레트너Flettner Fl.282 헬리콥터가 독일이 운용한 사상 첫 군사용 헬리콥터다. 두 기종 모두 고급 간부 탑승용이나 군함 간 장비 수송, 정찰과 탄착 관측에 사용되었다. 헬리콥터에 깊은 인상을 받은 루프트바페는 기뢰 부설, 사상자 후송, 지상공격으로 헬리콥터의 역할을 확대할 계획이었지만 이 프로그램은 1945년에 독일이 패전하자 사장되었다.

· 사상자 후송

헬리콥터의 잠재력을 알아본 미국도 사상자 후송(CASEVAC)용으로 시코르스키Sikorsky R4 호버플라이Hoverfly 소형 헬리콥터를 소수 도입했다. 한국전쟁(1950~1953)에서 헬리콥터는 제한된 정찰과 사상자 후송 임무를 수행했다. 1950년대 초중반에 베트남과 알제리에서 식민전쟁을 벌인 프랑스군이 헬리콥터 활용의 선구자가 되었다. 알제리 전쟁에서는 기수 장착 고정식 기관총, 로켓 포드와 유선유도 미사일로 무장한 시코르스키 S-55와 쉬드 알루엣Sud Aluette이 험지 상공을 비행하며 민족주의자 게릴라들과 싸웠다.

1960~1975년에 벌어진 베트남 전쟁은 자연환경상 어쩔 수 없이 새로운 전투 헬리콥터 전술의 시험대가 되었다. 1966년경 대 게릴라 전투counter-insurgency warfare용으로 사용될 헬리콥터에 대한 특별한 소요가 제기되었고 그 결과 벨Bell 휴이Huey UH-1 다목적 수송 헬리콥터 약 1,500대가 베트남 전역에 등장했다. 이 중 상당수는 무장 탑재가 가능하도록 신속히 개조되었다. 1960년대 중반에 들어 미 육군의 표준 UH-1 중대는 무장 UH-1(건십gunship 혹은 '호그Hog'라 불림) 9대와 비무장 병력수송 헬리콥터 16대('슬릭slick')로 구성되었다. 베트남 전쟁 초창기에는 주력부대가 도착하기 전에 더 무겁고 느린 건십이 착륙 장소에 먼저 와서 제압사격과 로켓으로 사전 정리를 한 후 더 가볍고 취약한 병력수송 헬리콥터를 기다렸다.

공중기병대

1955년에 전투 헬리콥터의 개발에 기념비적인 사건이 일어났다. 터보샤프트turboshaft 엔진(터빈이 회전익 여러 개를 돌리는 축을 회전시키는 엔진)이 터보제트 엔진(터빈이 공기를 압축해 추력을 발생시키는 엔진)을 대체한 것이다. 터보샤프트 엔진이 도입되면서 헬리콥터의 추력 대비 중량비가 매우 좋아졌다. 1957년경, 미 육군은 차량 대신 회전익기로 수송하는 '공중기병' 부대Air Cavalry라는 개념을 개발했다. 이는 1958년에 창설된 제7292공중전투정찰Aerial Combat Reconnaissance(ACR) 중대를 개편한 미 육군 제1기병사단(공중)의 창설로 이어졌다. 제1기병사단은 1965년 8월 베트남에 도착했다.

· 공격 헬리콥터

처음부터 공격 헬리콥터로 설계된 헬리콥터인 벨 AH-1 휴이 코브라Huey Cobra는 1967년 9월에 베트남에 도착했다. 휴이 코브라는 베트남전의 사역마 보잉-버톨Boeing-Vertol CH-47A 치눅Chinook 중형 수송 헬리콥터를 호위할 수 있는 빠르고 무장이 충실한 헬리콥터에 대한 미 육군의 요구를 충족하기 위해 진행된 긴급 개발 프로그램의 결과물이었다. CH-47은 병력 44명 혹은 부상병 24명을 태울 수 있었고 외부 화물 갈고리에 보급품 1만 2,700킬로그램을 매달아 나를 수 있었다.

공격력이 강하고 매우 튼튼한 코브라 헬리콥터는 베트남과 캄보디아에서 작전시간 100만 시간을 기록하며 적 진지와 장갑차량을 공격하고 비무장 수송 헬리콥터를 호위했다. 코브라 헬리콥터의 탑승원들은 나무, 언덕이나 건물 같은 자연적 위장망을 이용해 숨어 있다가 정찰하거나 공격할 때만 '갑자기 튀어나오는' '전술지형비행nap of the earth'이라고 불린 기법을 다듬어나갔다. 헬리콥터는 속도와 공간 측면에서 고정익기와 아주 다른 환경에서 작전했다. 이로 인해 공대공 요격에서는 어느 정도 안전할 수 있었으나 지상에서 발사하는 대공포화와 로켓 공격에는 취약했다.

• 맥도널 더글러스 AH-64 아파치

1972년에 AH-56 샤이엔Cheyenne 공격 헬리콥터 개발 계획이 미 공군과 해병대가 선호한 A-10 선더볼트Thunderbolt 근접지원기와 AV-8B 해리어Harrier 다목적 공격기에 밀려 취소되자 미 육군은 육군 소속으로 남아 대장갑차량 역할을 할 기종을 모색하게 되었다. 1973년에 미 육군은 고등 공격 헬리콥터Advanced Attack Helicopter(AAH)의 요구 조건을 내걸었다. 이 조건에서 육군의 강조점은 대반란작전에서 공중공격 플랫폼으로서의 헬리콥터에서 고강도 분쟁에서 비행하고 전투할 수 있는 헬리콥터로 옮겨갔다. 즉 신형 공격 헬리콥터는 모든 기상 조건에서 강력한 적의 대공포화를 뚫고 강력하게 방어되는 목표물을 공격할 수 있어야 한다는 뜻이었다.

그 결과는 중무장한 아파치(미 육군은 헬리콥터에 북미 원주민 부족명을 붙였다) 헬리콥터였다. 아파치는 1982년부터 본격 양산에 들어갔다. 대

비행 전차

코브라 헬리콥터는 1972년에 베트남전에서 대전차전 능력을 과시했다. 여기에 자극받은 미국과 소련의 전략가 상당수는 공격 헬리콥터를 지형 조건의 제약을 받지 않는 경장갑 비행 전차로 묘사했다. 베트남전이 끝나자 미 육군이 보유한 코브라 헬리콥터들은 토우TOW(Tube-launched, Optically-tracked, Wire-guided, 튜브 발사 광학추적식 유선유도) 미사일과 3총신 20밀리미터(0.79인치) 기관총을 장비했고, 그동안 코브라 헬리콥터의 후계기 개발 작업이 계속 진행되었다.

전차 역할을 맡은 아파치 헬리콥터의 항속거리는 약 483킬로미터, 체공시간은 약 2시간이었다.

• 고강도 전투

아파치의 핵심 특징 중 하나는 헬멧에 장착된 디스플레이, 즉 헬멧 탑재 통합 디스플레이 조준 시스템Integrated Helmet and Display Sighting System(IHADSS)이다. 조종사 혹은 사수의 헬멧과 아파치의 30밀리미터(1.2인치) M230 체인건이 연동되어 있어 머리의 움직임에 따라 체인건이 목표물의 위치를 수정·추적한다. 아파치 헬리콥터는 고강도 전투 조건을 견디고 악천후에서 비행하며 주야를 막론하고 최신 전자 장비를 이용해 작전할 수 있도록 제작되었다. 아파치의 주 착륙장치 사이에 M230 체인건이 있었고 작전에 맞게 무장을 변환할 수 있었는데 주로 AGM-114 헬파이어Hellfire 대전차 미사일과 하이드라Hydra 70 다목적 무유도 70밀리미터(2.75인치) 로켓탄을 함께 탑재했다.

“ —— 아파치는 한밤중에 6.4킬로미터 떨어진 곳에서 창문을 통해 헬파이어 미사일을 발사할 수 있다.”

- 칼 스티너Carl Stiner 장군, 이라크 자유 작전 지휘관

기수 조준기에 탑재한 적외선 전방주시장치FLIR(Forward Looking Infrared) 시스템 덕에 아파치는 아군 진영을 넘어 수백 마일 깊숙이 적진으로 들어가 적을 타격할 수 있었다. 이 능력은 미 공군과 공유한 극초단파UHF 무전 시스템으로 더욱 향상되었는데 이로 인해 A-10, 해리어와 같은 표적 지정기target designator로 자주 활동한 고정익기와 협동 공격을 하기가 수월해졌다.

아파치는 파나마를 침공한 1989년 저스트 커즈 작전에서 처음으로 실전에 사용되었다. 제1차 걸프전 중에는 약 280대의 아파치가 전투에 투입되어 적 전차 500대를 파괴하고 이라크군의 RPG(로켓 추진 유탄)에 단 1기만 잃었다.

2003년 3월, 제2차 걸프전인 이라크 자유 작전에서 아파치는 좌절을 겪었다. 카르발라Karbala 근처의 야지에서 멈춰선 이라크 공화국 수비대 전차여단을 공격하기 위해 아파치 33기가 파견되었다. 이라크군은 대공포가 빼곡히 들어앉은 ‘대공포 함정’으로 아파치 편대를 유인했다. 전투 결과 1기가 격추되고 30기가 손상되었다. 2001년부터 아파치는 항구적 자유 작전Operation Enduring Freedom에 투입되어 아프가니스탄에서도 활동했다.

돌격소총

(1906~2012)

전후 세계의 소화기 중 가장 중요한 품목

돌격소총은 단발과 연발을 선택해 사격할 수 있는 소총 혹은 카빈소총carbine으로, 발사 탄약의 총구 에너지와 크기가 권총탄과 전통적으로 위력이 더 강한 소총탄의 중간이다. 이런 종류의 소총은 지원 역할을 맡아 지속 사격에 특화된 경기관총과 소총탄이 아닌 권총탄을 발사하는 기관단총의 중간에 속한다.

돌격소총은 오늘날의 현대적 군대 대부분에서 사용되는 표준 소화기small arm로 제2차 세계대전기의 미국제 개런드Garand 소총처럼 더 크고 고위력인 소총을 대체했다. 벨트 급탄식 화기 혹은 장탄량이 제한적인 고정 탄창을 가진 화기는 일반적으로 돌격소총으로 간주되지 않는다.

돌격소총의 기원은 제1차 세계대전 이전으로 거슬러 올라간다. 1906년, 러시아 육군의 블라디미르 표도로프Vladimir Fyodorov 대위가 탈착 가능한 상자형 탄창이 달려 있고 단발과 연발을 선택할 수 있는 '아브토마트Avtomat'라는 소구경 소총을 설계했다. 그는 이 소총에 사용하기 위해 소구경의 6.5밀리미터 탄약도 설계했지만 제1차 세계대전 때 더 쉽게 구할 수 있는 일본제 6.5밀리미터 아리사카 소총탄을 발사할 수 있도록 아브토마트 소총의 약실을 개조했다. 아브토마트 소총은 적은 수였지만 1915~1916년에 러시아 제국 육군이 실전에서 사용했고 나중에는 붉은 군대가 사용했다.

· 급습 소총

널리 실전에 투입된 첫 돌격소총은 독일제 StG44(Sturmgewehr 44, 독일어로 '급습' 혹은 '돌격소총'이란 뜻. 1944년부터 배치)이다. '급습 소총'이라는 이름은 분명 아돌프 히틀러가 창작했을 것이다. 전쟁이 끝날 무렵에는 모든 종류를 합쳐 StG44 약 42만 6,000정이 생산되었다. 이 소총은 극한의 추위에도 분당 500~600발의 발사속도를 유지하며 잘 작동했으며 동부전선에서 특히 유용하게 사용되었다. 훨씬 더 대량으로 생산된 드럼 탄창을 단 붉은 군대의 PPS나 PPSh-41 기관단총에 대항하는 것이 StG44의 주된 역할이었다. StG44의 이채로운 변이로 크룸라우프Krummlauf(모퉁이 뒤의 안전한 곳에서 발사하기 위한 구부러진 총열 부착 장치)와 잠망경을 장비한 모델)가 있었다. 또 다른 변형은 전차의 사각지대에서 자신을 공격하는 적 보병을 상대하기 위해 전차 승무원들이 사용했다. 초기형 적외선 조준장비를 장비한 변형도 있었다.

> “ —— **일이 곧 인생이고 인생이 곧 일이다. 나는 내 조국을 방어하기 위해 이 소총을 개발했다.**
>
> - 미하일 칼라시니코프Mikhail Kalashnikov

• AK-47

가장 널리 생산되었고 가장 유명한 돌격소총인 AK-47(아브토마트 칼라시니코바Avtomat Kalashnikova 모델 1947)은 단발·연발 선택이 가능한 가스 작동식 돌격소총으로서 발명자인 소련의 무기 설계자 미하일 칼라시니코프의 이름으로 널리 알려졌다.

1938년에 붉은 군대에 징집된 칼라시니코프는 독일이 소련을 침공

증가하는 화력

StG44는 미하일 칼라시니코프가 설계한 AK-47이나 미국의 M16 및 그 변형에서 드러나듯, 전후 소련과 미국의 돌격소총 설계자들에게 전후에 상당한 영향을 끼쳤다. 1948년에 미 육군은 제1차, 제2차 세계대전의 전장에서 입은 부상에 관한 상세한 연구를 수행한 결과, 전투는 예상치 못한 곳에서 짧은 거리를 두고 벌어진다는 결론을 내렸다. 이런 상황에서는 계획적인 '조준'을 할 필요가 없다. 또한 미 육군은 보병 3명 중 최대 2명까지 실전에서 화기를 발사해본 적이 없다는 결론을 내렸다. 따라서 병사들을 속사화기로 무장시키면 실전에서 무기를 쓸 가능성이 더 커진다. 이를 달성하려면 일반 병사들의 화력을 증대할 수 있는 완전자동 소총이 필요했고, 그 결과 탄생한 것이 M16이다. 이 소총은 1960년대 초에 베트남에서 미 공군의 실전 사용을 거쳐 M16A1형으로 모습을 드러냈다. M16A2 소총은 15개 나토 회원국과 전 세계 80개 국가의 군대가 사용하고 있다.

한 1941년에 전차부대 하사였다. 1941년 10월에 브랸스크Bryansk 방어전에서 부상당한 칼라시니코프는 회복하는 동안 기관단총을 설계했다. 무기 공학자로서 능력을 금세 인정받은 칼라시니코프는 미국제 M1 개런드 소총의 영향을 강하게 받은 가스 작동식 카빈총을 설계했다. 1945년에 완성된 이 설계는 나중에 시작한 칼라시니코프 돌격소총 설계 작업의 기반이 되었다. 이 소총은 가스 작동식이었고 1944년에 설계한 소총과 비슷한 약실 폐쇄장치와 구부러진 30발들이 탄창을 갖췄다.

> "나는 독일인 때문에 무기를 만드는 사람이 되었다. 그들이 아니었더라면 나는 농기계를 설계했을 것이다.
>
> - 미하일 칼라시니코프

1946년에 칼라시니코프의 소총이 경쟁 시험을 거치는 동안 동료 알렉산드르 자이체프Alexandr Zaytsev가 소총 설계의 상당 부분을 바꾸라고 칼라시니코프를 설득했다. 그리고 뒤이어 시행한 시험에서 칼라시니코프의 소총은 나중에 이 소총을 유명하게 만든 내구성과 쉬운 사용법을 포함해 많은 장점을 선보였다. 자신이 충분히 접근할 수 있던 당대의 소총 기술인 M1 카빈의 방아쇠, 이중잠금용 돌출부, 잠금용 홈, 레밍턴 8 소총의 안전장치, StG44의 가스압 작동 시스템과 전체적 구성을 잘 융합했다는 것이 칼라시니코프의 작품에 대하여 가장 적절한 설명일 것이다. 단 칼라시니코프는 StG44를 참고했다는 점은 부인했다.

처음에 봉착한 생산 문제 때문에 붉은 군대는 1956년에야 AK-47을 대량으로 지급받기 시작했다. 1959년에는 프레스 공법으로 제작한 금속제 총몸과 반동으로 총구가 솟는 현상을 상쇄하기 위한 경사형 소염기를 갖춘 경량 개량형 모델이 도입되었다. 이 모델은 다른 모델 전체를 합친 것보다 더 많은 수량이 생산되었다[이 모델의 이름은 칼라슈니코프 돌격소총 근대화형이라는 뜻의 AKM(Avtomat Kalashnikova Modernizirovanni)이다. 지금 사용되는 AK 계열 소총은 모두 AKM에서 파생한 개량형이다.—옮긴이]. 칼라슈니코프의 설계에는 1930년대 이래 소련의 무기 설계에서 가장 좋은 점들이 압축되어 있다. 그가 설계한 총은 단순하고 간편하며 유지 보수가 쉽고 부주의한 취급과 오염을 견디면서도 계속 작동했다. 여기에는 내부를 크롬 도금한 총열과 약실, 가스 피

세계로 퍼진 AK-47

20세기 후반기에 AK-47은 전 세계의 게릴라들이 선택하는 무기가 되었다. 미국과 소련이 대리인들을 통해 싸운 냉전기의 가혹한 경쟁에서 저렴하고 단순하며 튼튼한 칼라시니코프 소총은 미국이 공급한 더 비싸고 지나치게 복잡한 총기류보다 훨씬 더 높은 점수를 얻었다. 노출된 환경에 따라 다르지만, 잘 관리하면 AK-47은 실전에서 40년까지 사용할 수 있다. AK-47은 약 7,500만 정이 만들어졌고 AK 계열 소총 1억 정 이상이 알바니아에서 베네수엘라에 이르는 각국에서 생산되었다. 1980년대에 들어 아프가니스탄에서 싸운 무자헤딘 게릴라들이 중국에서 만든 AK의 변형인 56식 소총을 공급받았다.

스톤과 가스 실린더가 도움이 되었다. 20세기에 생산된 대부분의 군용 탄약(그리고 사실상 구 소련과 바르샤바조약군의 탄약 전부)에는 염소산칼륨이 들어 있었기 때문에 이것은 매우 중요한 특징이다. 사격할 때 화약에 든 염소산칼륨이 부식성 있고 습기를 잘 흡수하는 염화칼슘으로 바뀌어서 영구적 피해를 막으려면 계속 청소해야 하기 때문이다. 오늘날의 군용장비 부품 다수는 크롬으로 도금되어 있다.

> **복잡한 것은 실용적이지 않으며 실용적인 것은 단순하다. 이것이 내 인생의 신조다.**
>
> **- 미하일 칼라시니코프**

개발된 지 65년이 지난 AK-47은 스핏파이어나 T-34 같은 제2차 세계대전 시기의 무기와 거의 맞먹는 독특한 문화적 위상을 획득했다. 모잠비크의 국기와 동티모르의 국장에는 AK-47이 들어가 있다. AK-47은 헤즈볼라의 깃발과 이란의 이슬람 혁명 수비대의 로고에도 들어 있으며, 냉전 이후 문화적으로 갈라진 세계 모두에 발을 걸치고 있다. 서구인 입장에서 AK-47은 테러리스트, 도시 게릴라와 마약 카르텔의 무기가 된 반면, 개발도상국에서는 AK-47을 자유의 투사가 쓰는 무기로 보게 되었다.

46 · Jet fighter

제트전투기

(1953~1990)

새로운 전술 혁명을 촉발하다

제2차 세계대전이 끝나기 몇 달 전, 루프트바페는 유럽 상공에 처음으로 제트전투기를 실전에 도입했다. 메서슈미트Messerschmitt Me 262다. 하지만 제트전투기 대 제트전투기의 공중전은 한국전쟁(1950~1953)에 와서야 벌어졌다.

더 빨라진 속력과 더 복잡해진 계기류로 인해 세심한 비행기술이 요구된 새로운 전투 조건은 새로운 종류의 조종사를 낳았다. 더욱이 제트전투기가 달성한 속력과 고도는 전면적인 전술 혁명을 촉발했다. 이로써 적기의 꼬리를 잡으려는 도그파이트dogfight는 종언을 고하는 듯했다.

제2차 세계대전 참전 경험이 있는 미군 조종사들이 막상 한국전쟁에서 전투를 치러보니 도그파이트의 시대가 끝났다는 선언은 시기상조였다. 하지만 한국전쟁이 끝나고 12년 뒤의 베트남전쟁에서도 공중전에 대해 비슷하게 예측하는 사람들이 있었다.

한국전쟁과 베트남전쟁의 중간 시기에 비행기와 무장 부문에서 또 한 번 혁명적인 변화가 생겼다. .50구경 브라우닝 기관총은 20밀리미터(0.79인치) 기관포와 공대공미사일로 대체되었다. 미사일 유도 시스템, 전투기 탑재 레이더, 공중 재급유는 베트남 상공을 비행하던 조종사들이 공중전 생존기법과 아울러 숙지해야 할 필수사항이었다.

• 맥도널 더글러스 F-4E 팬텀

한국전쟁에서 가장 뛰어난 성능을 보인 전투기는 F-86 세이버F-86 Sabre 전투기였다. 베트남전쟁 최고의 전투기는 F-4 팬텀F-4 Phantom II였는데, 이 괴물 같은 25톤짜리 비행기에는 조종사 1명, 레이더 관제사Radar Intercept Officer(RIO) 1명이 탑승했다. 팬텀은 아군 공역에 침입한

팬텀으로 비행하기

"공대공 미사일로 인해 우리 전투기들은 기관포와 로켓만 장착한 미그-17에 비해 상대적으로 엄청난 이점을 가지게 되었다. 하지만 기관포가 없는 F-4로 미그기와 교전하는 것은 단검을 가지고 장검을 든 적과 싸우는 것과 마찬가지 상황이었다. 가장 용도가 다양한 공대공 무기인 기관포가 없는 전투기는 날개 없는 비행기나 마찬가지다. 나는 미사일을 소진한 다음 기관포가 있었더라면 미그기를 격추할 기회가 대여섯 번 정도 있었다. 적기가 너무 가까워서 내 조준기 안에 적기가 멈춰 있는 것처럼 보일 정도였다."

- 로빈 올즈 대령

적기와 교전하는 것이 아닌 적지 상공에서 먹잇감을 찾는 공중우세를 위해 설계된 전투기로, 국방장관 로버트 맥나마라Robert McNamara가 추진한 통합군 전투기 계획의 일환이었다.

팬텀은 1960년에 요격기로서 미 해군에 배치되기 시작했고 활용도가 높아 미 해병항공대와 공군이 채택하게 되었다. 공군은 폭격기로서 팬텀의 역할을 강조했다. 1960년대 중반에 팬텀은 해군, 공군, 해병 항공대의 주력기가 되었다. 팬텀은 최종적으로 5,195대가 생산되어 가장 많이 만들어진 미국제 초음속 전투기가 되었다.

팬텀은 강력한 펄스 도플러Pulse Doppler(짧고 강한 펄스 전파를 발신해 반사신호를 도플러 효과를 이용해 분석, 목표물의 속력을 알아내는 레이더—옮긴이) 레이더를 장착하고 스패로Sparrow 미사일과 사이드와인더Sidewinder 미사일 4발로 무장했다. 초기 모델에는 기관포가 없었으나 F-4E형은 20밀리미터(0.79인치) M61 벌컨Vulcan 회전 다총신 기관포를 장비했다. 사이드와인더 미사일은 표적이 된 비행기가 방사하는 적외선을 따라 유도된다. 실전에서 조종사가 유도 시스템을 작동하면 이어폰으로 딱딱거리는 소리가 들리고 목표물에 다가갈수록 소리가 점점 더 커진다. 소리가 충분히 커지면 조종사는 미사일을 발사한다. 3초 안에 사이드와인더 미사일은 마하 2.5까지 가속하며 목표물을 향한다. 사정거리는 3.2킬로미터이고 살상거리 안에 들어오면 근접 신관으로 기폭된다.

사이드와인더 미사일은 태양열이나 팬텀이 저고도로 비행할 때, 예를 들면 공장 옆을 지나칠 때 지상 복사열 때문에 빗나갈 수 있어서 전적으로 신뢰할 만한 무기는 아니었다. 사이드와인더가 가장 효과적인 상황은 적의 꼬리를 물고 추격할 때였는데, 목표물의 배연기로 유도할 수 있었기 때문이다. 레이더 유도식인 스패로 미사일의 발사 초속은 마하 3.7, 사정거리는 40~45킬로미터였다. 하지만 조종사는 목표물이 적기임을 확신해야 했다. 베트남전에서는 일반적으로 눈으로 직접 목표를 확인해야 했으므로 교전수칙에서 장거리 미사일 발사는 배제되었다.

> **공기역학에 대한 추력의 승리.**
>
> **- 팬텀에 대한 탑승원들의 역설적 묘사**

게다가 미군과 남베트남군 조종사가 지켜야 하는 교전수칙에 따르면 북베트남과 중국 국경을 넘어가는 것은 허용되지 않았다. 북베트남군 미그기들은 이곳 공역에서 고도우세를 점했다. 미그기들은 폭격이나 정찰비행을 수행하는 미군기로 공격 목표를 한정하는 경향이 있었으며 대미그기 공중초계MIG Combat Air Patrol(MIGCAP)를 하는 미군기에 덤벼드는 경우는 거의 없었다.

1965년 말에 미그-21이 북베트남에 도착했다. 팬텀은 미그-21보다 속력과 선회력 면에서 뒤졌으나 상승력은 앞섰다. 미군 공격대가 목표

지역을 향하면 미그기 조종사는 미군 레이더가 탐지하기 어려운 저공에서 기다리다가 쏜살같이 돌진해 대열 후미의 적기를 기관포나 아톨Atol 미사일로 공격하곤 했다.

미군은 이런 미그기들을 빠뜨릴 함정을 준비했다. 1967년 1월 2일, 로빈 올즈 대령이 이끄는 팬텀 56대가 공격 대형으로 하노이를 향해 비행했다. 북베트남군을 교란하기 위해 전파 방해 장비를 실은 비행기와 정찰기가 이들과 동행했다. 이 집단은 미그기 대부분의 기지인 푹옌Phuc Yen 비행장으로 비행해 구름층 위 약 2,100미터(7,000피트) 상공에서 왔다 갔다 하며 북베트남군을 유인했다.

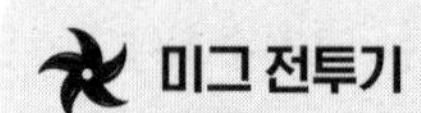

미그 전투기

미그-21은 전천후 요격기로 고고도(1만 8,900미터/6만 2,000피트)에서 최고속력은 마하 2였다. 초기 버전은 30밀리미터(1.2인치) 기관총 1, 2정으로만 무장했고 후기 버전은 발사속도가 높은 23밀리미터(0.9인치) 기관총과 공대공미사일 2발로 무장했다. 미그-21은 팬텀처럼 장거리 레이더나 무거운 폭탄을 탑재하지는 않았다. 하지만 경험 많은 조종사의 손에 들어간 미그-21은 난적이 될 수 있었다. 특히 고고도와 저고도에서는 더 그랬다. 미군 조종사들은 미그-21에 대항해 배럴 롤barrel roll 기동(하나의 축을 기준으로 용수철 모양을 그리는 비행기술—옮긴이)을 사용했다. 빠르게 선회하는 미그기와 같이 기동할 수 없는 팬텀기 조종사는 하이 배럴 롤high barrel roll(스로틀을 줄이거나 급선회하며 배럴 롤을 수행해 쫓아오는 적기가 자신을 지나쳐 가게 하는 비행기술—옮긴이)을 통해 최단경로로 적기에서 멀어지며 밑으로 내려가 사이드와인더를 조준해 발사했다. 수평으로 비행하는 미그기는 팬텀이 이렇게 삼차원 기동을 하면 어려움을 겪었다.

> ❝ —— …오늘날의 도그파이트는 우리가 제2차 세계대전과 한국전쟁에서 경험했던 것과 놀라우리만치 닮았다. 우리는 이전에 복무했던 사람들이 절대 다시 하지 않으리라 맹세했던 일을 하고 있었다.
>
> - 로빈 올즈 대령

미끼를 문 미그기들이 구름을 뚫고 나타났다. 올즈 대령기의 후방 좌석에 탑승한 찰스 클리프턴Charles Cliffton 대위가 미그기에 레이더를 조사했고 올즈는 근거리에서 스패로 미사일 2발을 발사했다. 두 발 모두 빗나갔다. 적기가 구름 속으로 도망가자 사이드와인더도 빗나갔다. 정면에서 또 다른 미그기를 본 대령은 오른쪽으로 배럴 롤 기동을 하며 미그기 위쪽으로 위치를 유지하다가 사정거리 안에 들어오자 배럴 롤을 마치고 적기 뒤쪽으로 고도를 낮췄다. 사이드와인더 2발의 조준이 활성화되면서 딱딱거리는 소리가 더 커졌다. 발사. 첫 사이드와인더가 명중하자 미그기가 폭발했다. 이날 격추한 북베트남 전투기 6기 중 첫 격추 전과였다.

1990년의 제1차 걸프전쟁에서 F-4F는 방공망 제압과 정찰 임무를 맡아 비행했다. 1980년대부터 미 공군, 해군, 해병 항공대에서 팬텀은 차세대 전투기로 교체되었다. 전 세계적으로 11개국이 팬텀을 운용했으며 아랍-이스라엘 전쟁에서 이스라엘 국방군 소속으로, 이란-이라크 전쟁(1980~1988)에서 이란 공군 소속으로 광범위한 전투를 치렀다.

스텔스

(1943~2012)

역사상 가장 비싼 군용기 B-2

스텔스 혹은 저피탐지low observable(LO) 기술은 많은 대형 군용장비 형태에 영향을 미치는 품질 및 설계상의 목표다. 사실 여러 기술의 결합체인 스텔스 기술은 오늘날 무기 설계자와 기술자들을 압박하는 걱정거리지만, 그 역사는 영국의 RDFradio direction finder(전파 방향 탐지) 혹은 미국이 나중에 부른 이름인 레이더(33장 참조) 개발까지 거슬러 올라간다. 폭격기 혹은 수상함선은 레이더로 목표물을 쉽게 탐지할 수 있으며, 잠수함은 수중의 레이더라고 할 수 있는 소나sonar, 즉 물을 통해 음파를 보내고 받는 장치로 탐지할 수 있다. 스텔스 기술의 목표는 레이더나 소나의 취약성을 줄이거나 없애는 것이다.

1943년 7월경, 영국 공군 폭격기 사령부는 '윈도'라는 암호가 붙은 얇은 금속제 띠를 떨어뜨려서 반사되는 레이더파의 길이를 반으로 줄이려 했다. 비행기에서 반사된 진짜 신호는 대량으로 투하된 금속 띠에 반사된 거짓 반사 신호에 파묻혔고 레이더 화면은 아수라장이 됐다. 영국군은 이 방법으로 독일군의 레이더 작동을 방해했다.

나치 독일 해군인 크릭스마리네는 실험용 7C형 잠수함인 U-480에 스텔스적 요소를 집어넣었다. 1944년부터 작전에 투입된 이 유보트에는 구멍이 난 내층과 매끈한 외층으로 이루어진 합성고무 피복을 씌웠고 그 덕에 U-480은 연합군 소나의 탐지를 피할 수 있었다.

루프트바페 역시 원시적인 스텔스 기술을 시험했다. '전익기flying wing, 全翼機' 형태를 띤 제트기인 호르텐Horten Ho. 229는 1945년 1월에 처음으로 비행했으나 실전에 투입되지는 못했다. Ho. 229는 꼬리날개와 원통형 동체를 갖춘 일반적인 비행기보다 레이더 반사율이 낮았다. 이 비행기의 혁신적인 설계는 전후 미국의 노스럽Northrop사가 만든 8발기인 YB-49에 반영되었고, 그 직계 후손인 B-2 스텔스 폭격기가 1989년 여름에 처음으로 비행했다.

• 레이더 반사 면적

1950년대에 철의 장막 양편의 군용기 설계자들은 레이더 반사 면적Radar Cross-Section(RCS), 즉 레이더에 나타나는 표적의 크기 단위를 줄이는 방법을 개발했다. 삼각 날개를 한 영국의 아브로 벌컨 5Avro Vulcan V 폭격기는 YB-49의 먼 친척으로 1960년에 일선에 배치되었는데 RCS가 놀랍도록 작았다. 1964년, 록히드Lockheed사의 '스컹크 웍스Skunk Works' 소속 클래런스 '켈리' 존슨Clarance 'Kelly' Johnson과 그의 팀은 고공에서 작전하며 레이더 탐지를 피할 정도로 속도가 빠른 SR-71 블랙버드Blackbird 정찰기를 만들었다. 1980년대 록웰Rockwell B-1 폭격기에도 스텔스 기술의 여러 양상이 반영되었다. B-1의 RCS는 1955년 이래 미 공군 전략폭격대의 주력이지만 노후화되던 B-52의 RCS의 1퍼센트 이하로 줄어들었다.

“ —— 빠르고 조용하고 제시간에.

- 록히드 마틴사의 ‘스컹크 웍스’ 소속 클래런스 ‘캘리’ 존슨의 신조.

· 컴퓨터

소련 물리학자 표트르 우핌체프Pyotr Ufimtsev가 1962년에 쓴 「회절의 물리 이론에서 모서리파의 방법」이라는 논문은 미국에서의 스텔스 기술이 발전하는 데 매우 큰 영향을 끼쳤다. RCS의 감소를 이론적으로 고찰한 이 논문은 1970년대에 미 공군의 주의를 끌었고 논문에서 밝혀진 사실들은 신세대 컴퓨터의 도움을 받아 진정한 의미의 첫 스텔스기 개발로 이어졌다. 레이더 탐지와 미사일 방어의 레이더 유도는 목표물에 반사된 레이더 에너지에 달렸다. 신중하게 선별된 전파 반사율이 낮은 합성소재와 레이더 반사 표면의 면적을 줄이는 형태를 이용하면 매우 낮은 ‘레이더 피탐지 특성radar signature’을 지닌 비행기를 설계할 수 있으며, 이 비행기는 다른 비행기가 탐지되는 거리에서 레이더에 포착되지 않을 수 있다. 설계와 적절한 소재는 엔진에서 나오는 적외선 신호 특성을 감쇄하는 데도 큰 역할을 한다.

• 나이트호크

첫 스텔스 비행기는 스컹크 웍스의 또 다른 작품인 록히드 F-117 나이트호크 단좌전투기로 1983년 10월에 일선에 배치되었으나 대중에게는 1988년에야 공개되었다. 다면으로 된 기체는 레이더 신호 반사를 목적으로 설계되었으며 애프터버너afterburner(제트 엔진의 배연을 재가열해 추력을 증대하는 장치–옮긴이) 없는 터보팬 엔진 2개가 동력원이다. 비용 절감을 위해 항공 전자장비 다수, 플라이-바이-와이어fly-by-wire(비행기의 조종면을 기계적 제어가 아닌 전기신호로 제어하는 방식–옮긴이) 시스템과 그 외 부품들은 F-16 파이팅 팰컨Fighting Falcon, F/A-18 호닛과 F-15 이글Eagle에서 빌려왔다. 프로젝트의 기밀성 때문에 부품들은 원래 비행기들의 예비부속으로 명목상 분류되었다.

스텔스 설계로 생긴 제약 때문에 나이트호크Night Hawk는 아음속subsonic(마하 0.5~0.8 정도의 속력–옮긴이)만 낼 수 있었다. 전투기로 분류되었으나 나이트호크는 실제로는 전투폭격기였다. 나이트호크에는 레이더가 탑재되지 않아서 단면적에서 전파 배출이 낮아졌다. 일반적 폭장량은 2,270킬로그램이었고 페이브웨이Paveway 레이저유도폭탄과 관통 폭탄 혹은 통합정밀직격병기Joint Direct Attack Munition(JDAM) 2발과 원거리 투하 유도폭탄 1발로 구성되었다. 나이트호크는 1989년에 미국의 파나마 침공에서 첫 실전 비행을 했다. 제1차 걸프전쟁 동안 나이트호크는 걸프 전역에 있는 미군기 수의 2.5퍼센트에 불과했으나 미 공군의 전략목표 40퍼센트 이상을 타격했다.

적대적 행동으로 격추된 F-117은 단 1대다. 1999년 3월, 구 유고슬라비아에서 세르비아군을 상대로 임무를 수행하던 나이트호크 1대가 이례적으로 긴 파장을 사용한 레이더에 포착되어 13킬로미터 거리에서 세르비아군 지대공 미사일SAM에 격추되었다. 격추된 나이트호크의 잔해는 러시아군이 조사했다. F-117의 다면으로 된 스텔스성 기체는 유지 보수하는 데 막대한 비용이 들었고 더 유선형으로 설계된 B-2 스피릿 폭격기에 밀려 구식이 되었다. 나이트호크는 2008년에 퇴역했다.

> **오늘날 한 위대한 비행기의 등장과 더불어 다른 비행기는 물러날 때가 되었습니다. 나이트호크는 충실하게 조국의 방어에 임했고 임무를 완수했습니다.**
>
> - 데이빗 골드파인David Goldfein 준장, 미 공군 제48전투비행단장, 2007년 3월 나이트호크에 작별인사를 고하며

• 노스럽 그러먼 B-2 스피릿

노스럽 그러먼 B-2 스피릿Northrop Grumman B-2 Spirit은 적 방공망을 깊숙이 뚫고 들어가 통상무기와 핵무기를 투하 발사하기 위해 설계된 스텔스 중폭격기다. 이 비행기는 1989년 여름에 처음으로 대중에 공개되었고 원래 미 공군의 조달 계획에 따르면 132기를 인도받을 예정

이었다. 그러나 1990년대 초 소련의 붕괴는 냉전기 B-2에 부여된 주요 임무 하나를 지워버렸고, 그 후 의회에서의 싸움과 예산 삭감이 이어지면서 생산량이 고작 한 줌으로 쪼그라들었다. 오늘날의 가격으로 B-2의 제작비는 대당 약 10억 달러 이상으로 추정된다.

B-2는 음향, 적외선, 시각, 레이더 피탐지 특성이 줄어들어 스텔스성을 얻었다. 애프터버너 없는 터보팬 엔진 4개는 배연 피탐지 특성을 최소화하기 위해 날개에 푹 파묻혀 있다. 레이더파를 흡수하는 복합 소재로 만들어졌으며 전익기로 설계되었기 때문에 리딩 에지leading edge(날개 앞부분 끝단—옮긴이)가 줄어든 B-2의 윤곽선을 레이더로 파악하기란 불가능하다.

B-2는 1997년 1월에 작전 능력을 획득해 2년 뒤에 코소보 전쟁에서 처음으로 실전에 나와 분쟁 첫 두 달 동안 선정된 세르비아군 목표물의 3분의 1을 폭격했다. B-2는 이 임무를 수행하면서 미주리주 화이트먼Whiteman 기지까지 왕복 비행했다. B-2는 항구적 자유 작전에서 공중급유 지원을 받아 아프가니스탄의 탈레반 목표물 폭격 임무를 달성하면서 가장 긴 비행거리를 기록한 작전 하나를 수행했다.

2003년, 이라크 자유 작전에서 B-2는 화이트먼 기지에서 날아올라 인도양의 디에고가르시아섬을 거쳐 밝혀지지 않은 전방 작전 위치까지 비행했다. 후자는 아마도 괌의 앤더슨Anderson 기지나 영국의 페어포드Fairford 기지였을 것이다. 두 기지 모두 날씨의 영향을 받지 않는 격납고를 갖췄다. 2009년 9월 B-2는 미 공군의 지구권타격사령부Global Strike Command에 소속되었고 2011년에 UN이 명령한 리비아의 비행금지구역 강제 작전인 오디세이 새벽 작전Operation Odyssey Dawn에서 첫 공격 임무를 수행했다.

B-2

탑승원 2명인 B-2의 작전 항속거리는 약 1만 1,000킬로미터이며 작전 상승한도보다 약 3,050미터(1만 피트) 아래인 1만 2,200미터(4만 피트)에서 최대시속 약 1,000킬로미터를 낼 수 있다. B-2는 GPS 보조 조준시스템(GATS)과 JDAM 같은 GPS 보조를 받는 폭탄을 함께 사용할 수 있다. 450 혹은 900킬로그램 폭탄 혹은 225킬로그램 폭탄 80개로 무장한 B-2는 한 번 지나가면서 목표물 16개를 동시에 폭격할 수 있다.

크루즈 미사일

(1909~2012)

자체의 힘으로 날아가는 미사일

크루즈 미사일은 제2차 세계대전에서 독일이 사용한 V-1의 후예지만, 그 개념은 월터 R. 부스Walter R. Booth가 감독한 〈비행선 파괴자The Airship Destroyer〉라는 영화가 만들어진 1909년으로 거슬러 올라간다. 이 영화에서 영국을 침공한 독일 비행선이 무선으로 조종하는 '공중 어뢰aerial torpedo'에 격퇴당한다.

전간기에는 '공중 어뢰'와 비슷한 실패한 무기 시험이 수없이 많았다. 이 가운데에는 소련에서 제작한 자이로스코프 유도 시스템이 달린 활공 추진식 로켓도 있었다. 독일의 FZG-76 로켓에도 비슷한 유도장치가 장착되었다. 이 로켓은 경사로에서 혹은 비행기에 매달렸다가 발사되었는데 V-1 비행폭탄이라는 이름으로 더 잘 알려졌다.

제2차 세계대전이 끝나고 몇 년 동안 미국의 군사 계획 입안자들은 엄중하게 방어된 소련 방공망을 돌파해 원거리 목표물을 타격해야 하는 어려운 문제와 씨름했다. 해결책 중 하나는 모기에 자력 추진으로 움직이는 폭탄을 싣고 와 목표물 근처에서 발사하고 '원거리 발사'를 한 모기는 안전하게 귀환하는 것이었다.

1947년 5월, 미 공군은 B-29, B-36 피스메이커Peacemaker와 B-52 스트래토포트리스Stratofortress에서 발사할 수 있는 초음속 지대공 미사일 제작 계약을 벨 항공기 회사Bell Aircraft Company와 체결했다. 그 결과로 탄생한 것이 GAM-63 래스컬Rascal 미사일이었다. 래스컬은 이 미사일의 유도 시스템인 레이더RAdar 스캐닝SCAnning 링크Link의 약어이다.

· 래스컬

래스컬은 1957년에야 미 공군이 도입해 일선에 배치했다. 이 미사일은 액체연료 로켓 시스템으로 추진되었고 표적의 위치가 미리 프로그램된 관성 유도 시스템을 사용했다. 사용할 수 있는 3종의 탄두 가운데 2종은 핵탄두였다. 1958년에 시험 프로그램이 갑자기 중단되면서 래스컬의 실전 배치 기간도 단축되었고 래스컬은 1961년에 하운드 독Hound Dog 미사일로 대체되었다. 하운드 독은 무게가 래스컬의 3분의 2였으며 더 강력한 탄두를 실었다. 터보제트 엔진으로 추진되는 래스컬의 사정거리는 1,125킬로미터였고 폭격기는 소련 방공망에서 멀찌감치 떨어져 미사일을 발사할 수 있었다. 이 미사일에는 최신 TERCOM(지형대조항법terrain-contour matching) 유도 시스템이 실렸다. 이 시스템은 미사일에 비행경로의 상세한 지도를 준 것이나 마찬가지였다. 하운드 독 미사일은 지나가는 지상의 모습을 이 지도와 계속 대조해 가며 필요하다면 진로를 수정하며 사전 지정된 경로를 유지했다.

1960년대 들어 미국의 핵탄두 소형화 기술이 진보함에 따라 SRAM(단거리 공격미사일short-range attack missile)이 개발되었다. 1972년에 SRAM은 B-52의 탑재 무장이 되어 8발 발사가 가능한 폭탄창 탑재 회전식 발사기구에 장착되었다. 200킬로톤급 탄두를 장착한 이 미사일의 사정거리는 160킬로미터였다. 관성 유도 로켓 추진식인 SRAM의 레이더 피탐지 특성은 '총알 크기'였다고 한다.

SRAM은 원래 SCAD(아음속 순항 무장 기만체subsonic cruise armed decoys)와 같이 발사할 계획이었다. 이 미사일에는 레이더 방해 수단 및 방어하는 쪽의 관심을 SRAM에서 유인할 전자 시스템이 탑재되었다. 항공전 입안자들은 혼란을 증폭하기 위해 SCAD에 핵탄두를 달 계획도 세웠지만, 정치적 반대 때문에 이 아이디어에 ALCM(공중발사 순항미사일air launched cruise missile)이라는 이름을 붙였다. ALCM은 TERCOM이 업데이트하는 새 관성 유도 시스템을 장비했으며 AGM-68 버전에서는 200킬로톤 탄두를 달았다.

같은 시점에 미 해군은 자체적으로 ALCM, 토마호크를 대함 미사일로 개발했다. 해군과 공군의 시스템은 상호 호환이 가능했으나 미 해군은 토마호크를 수상함선 혹은 잠수함이 적 수상 함정이나 지상 표적에 발사하는 미사일로 배치했다.

" 거의 쓸모없는 사업이었다고 할 수 있다. 임무를 수행하는 것 같지만 비용이 너무 많이 들었기 때문이다."

- 윌리엄 하트버그William Hartburg, 북미재단 무기와 안보 계획Arms and Security Initiative 국장, 토마호크의 비용 대비 효과에 대해서

• 토마호크

토마호크는 1970년대에 개발된 장거리, 전천후 아음속 미사일로 현재 미국과 영국 해군 수상 함정 및 잠수함에 탑재되어 있다. 토마호크는 로켓 보조를 받아 발사된 다음 터보팬 엔진으로 동력을 전환한다. 토마호크의 엔진은 거의 열을 발산하지 않아서 적외선 탐지기로 발견하기가 어렵다. 토마호크는 목표물까지 최대 항속거리 1,126킬로미터를 초저공에서 고아음속으로 '순항'하며 임무에 따라 맞춰진 여러 개의 유도 시스템으로 회피 경로를 따라 조종된다.

'전술 토마호크Tactical Tomahawk'는 2004년에 일선에 투입되었으며 펜타곤이 현재 시행 중인 '네트워크 부대networked force'의 구성요소다. 토마호크는 여러 곳(비행기, 무인기, 위성, 선박과 전차, 지상군 병력)에서 온 정보를 활용해 적을 찾는 동시에 자신의 센서로 알아낸 데이터를 전술한 플랫폼들로 보낸다. 토마호크 지상 공격 미사일(TLAM)은 TV 카메라를 장착하고 목표 주변을 배회할 수 있으며, 지휘관들은 목표물에 입힌 피해 정도를 평가하고 필요한 경우 다른 목표로 미사일을 보낼 수 있다.

비행하는 동안 토마호크는 메모리에 있는 GPS(전 지구 위치파악 위성global positioning satelite) 좌표나 다른 어떤 GPS 좌표로 사전에 지정한 목표 15개 중 어느 것으로든 다시 프로그램해서 목표물을 바꿀 수 있다.

"── **실제 세계에서는 토마호크를 발사한 다음 목표물까지 절반쯤 갔을 때 그곳에 과부와 고아로 가득 찬 버스가 있다고 알려줄 정도로 정밀한 지능을 가진 미사일은 없다. 그런 일은 일어나지 않는다."**

- 존 파이크John Pike, GlobalSecurity.org 소장

토마호크 미사일은 200킬로톤 핵탄두나 455킬로그램(1,000파운드) 재래식 탄두를, TLAM-D형의 경우 자탄 24발을 탑재할 수 있다. 제1차 걸프전쟁에서는 토마호크 297발이 발사되었다. 순양함 USS 샌저신토San Jacinto가 1991년 1월 17일에 처음으로 사격했으며, 그다음으로 공격잠수함 USS 피츠버그Pittsburgh와 USS 루이빌Louisville이 토마호크를 발사했다.

1999년 얼라이드 포스 작전Operation Allied Force에서는 미국 함선과 영국 잠수함 HMS 스플렌디드Splendid함이 구 유고슬라비아 내의 목표물을 향해 토마호크 218발을 발사했다. 2001년 10월에는 항구적 자유 작전을 개시하면서 약 50발의 토마호크가 아프가니스탄의 테러리스트 목표물을 타격했다. 2003년 이라크 침공에서는 이라크의 목표물을 향

해 725발을 발사했다. 2011년 3월 19일에는 리비아 독재자 카다피를 목표로 한 오디세이 새벽 작전의 첫 단계에서 트리폴리와 미스라타 주변의 리비아 영토 내 목표물 20개에 미군과 영국군이 124발(미군 122발, 영국군 2발)을 발사했다.

토마호크의 타격 효과

제1차 걸프전쟁에서 발사된 토마호크 297발 가운데 282발이 성공적으로 임무를 마쳤다. 9발은 발사관에서 나가지 못했고 6발은 발사관을 떠난 다음 바다로 떨어졌다. 최소 2발(최대 6발)은 격추되었다. 이들 대부분 혹은 전부는 단일 목표물에 대해 급하게 조직된 파상공격을 하다가 격추되었는데, 목표물까지 가는 동안 단 하나의 항로를 따라 비행한 것이 격추 이유였다.

무인 공중전

(1987~2012)

미래의 군용기 UCAV

2030년경에는 영국 공군이 운용하는 비행기의 최대 3분의 1이 전투지역에서 수천 마일 떨어진 곳에 있는 스크린 앞에 앉은 탑승원에 의해 원격 조종될 것이다. 미 공군이 지난 20년간 개발해온 무인비행기unmanned aerial vehicles(UAV)에 근간을 둔 이 새로운 무기는 원래 정찰과 전방 관측용 플랫폼으로 고안되었다가 지금은 그 자체로 가공할 공격무기인 무인전투기unmanned combat aerial vehicles(UCAVs)로 배치되었다.

1980년대에 미 중앙정보국CIA과 국방부는 처음에 '냇Gnat'이라고 부른 정찰용 드론을 시험하기 시작했다. 1994년 7월, 제너럴 어토믹스 에어로노티컬 시스템General Atomics Aeronautical Systems사가 프레데터Predator UAV의 제작 계약자로 선정되었다. 1995년 봄에는 유고슬라비아에서 작전을 수행하기 위해 발칸 반도에 처음으로 프레데터 UAV를 배치했다. 아프가니스탄에서 작전이 개시된 2001년경에 미 공군은 프레데터 60기를 획득했다. 그중 20기를 작전 중에 상실했는데 대부분 악천후가 원인이었다. 그 후 제빙 시스템과 항공 전자 장비를 개량했다.

• 헬파이어

발칸 작전 이후 프레데터는 헬파이어 미사일을 발사하는 공격기 역할을 할 수 있도록 개량되었다. 프레데터가 정숙성이 뛰어나고 헬파이어가 초음속으로 비행하는 미사일이라는 점을 감안하면 아주 강력한 결합이었다. 처음에는 프레데터를 운용기지 근처에 세워둔 밴에서 조종했으나 2000년경 통신 시스템 개선으로 아주 먼 거리에서도 조종할 수 있게 되었다. 2007년부터는 미국 네바다주 크리치Creech 공군기지에서 영국 공군 소속 프레데터를 조종할 수 있게 되었다.

2009년 봄쯤에 미 공군은 프레데터 195대와 제너럴 어토믹스사가 제작한 더 크고 더 성능이 좋은 리퍼Reaper 무인기 28대를 배치했다. 2007~2008년에 이라크와 아프가니스탄에서 프레데터 무인기들은 헬파이어 미사일을 244회 발사했다. 2009년경, 미 공군은 대당 가격 450만 달러인 프레데터를 작전 중에 70대나 잃었다. 55대는 기계 고장, 운용원 실수, 악천후 등으로 잃었고, 4대는 보스니아, 코소보, 이라크에서 격추되었으며, 11대는 전투 임무 수행 중에 조작 사고로 잃었다. 2011년 3월에 마지막 프레데터가 미 공군에 인도되었다.

> **“ 드론 하나가 병사 한 명을 죽일 때마다 열 명 또는 그 이상의 민간인을 죽인다.”**
>
> **- 대니얼 바이먼**Daniel Byman**, 브루킹스 연구소**Brookings Institute

UCAV의 수량은 기하급수적으로 늘어났다. 2011년에 국방부와 CIA는 유인기보다 무인기를 더 많이 사들일 계획을 세웠고, 앞으로는 전투기와 폭격기를 조종하기 위해 훈련받는 인원보다 더 많은 인원이 무인기 조종 훈련을 받게 될 것이다.

• 제너럴 애터믹스 MQ-9 리퍼

MQ-9 리퍼는 고공에서 장시간 체공하며 정찰 임무를 수행하도록 설계된 첫 헌터 킬러hunter-killer UCAV다. 탑재한 950마력 터보프롭 엔진은 프레데터의 엔진보다 출력이 강하며 이로 인해 열다섯 배 더 무거운 중량을 탑재할 수 있고 순항속력은 세 배 빨라졌다. 완전 전비중량으로 비행할 때 리퍼는 14시간까지 체공할 수 있으며 탑재 무장을 줄이고 증가 연료탱크를 장착하면 42시간까지 체공시간을 늘릴 수

실전의 프레데터

프레데터는 아프가니스탄, 파키스탄, 예멘에서 중요한 알카에다 대원을 목표로 한 작전을 수행하는 데 성공적으로 사용되었다. 하지만 사용 여부를 두고 찬반 논쟁이 뒤따랐다. 파키스탄에서 프레데터와 리퍼 무인기를 사용해 CIA가 특정 인물 암살 프로그램을 시행하고 있다는 우려가 생겨났는데, 이런 작전에는 심각한 부수적 피해가 발생한다. 미국 동맹국인 파키스탄은 2006년부터 2009년까지 알카에다 대원 14명을 제거한 작전에서 거의 700명의 민간인이 사망했다고 항의했다. 싱크탱크인 뉴 아메리칸 재단New American Foundation에 따르면 2004년 이래 미군 UCAV가 살상한 인명 4명 가운데 최소 1명은 무고한 민간인이었다고 한다. 브루킹스 재단의 자료 같은 출처에서는 민간인 사상자 비율이 더 높다.

있다. 리퍼에는 헬파이어 미사일, 225킬로그램 레이저 유도 폭탄과 통합정밀직격병기JDAM를 포함한 여러 종류의 무장을 탑재할 수 있다. 리퍼에 탑재된 유도장비는 '멍텅구리' 무유도 폭탄을 전천후 '스마트' 폭탄으로 바꿀 수 있다.

항속거리 5,900킬로미터, 작전상승고도 1만 5,240미터(5만 피트)인 리퍼 무인기는 지상군 지원이나 정찰 임무를 수행하며 '배회' 작전을 하는 데 안성맞춤이었다. 추가된 능력에는 비용이 따랐다. 리퍼의 기체당 가격은 프레데터의 두 배였다. 라스베이거스 근처의 크리치 기지 같은 기지들에 배치된 리퍼 운용원은 열 카메라를 비롯한 여러 센서를 이용해 목표물을 수색하며 지형을 관측할 수 있다. 리퍼에 탑재된 카메라는 3.2킬로미터 떨어진 곳에 있는 자동차 번호판을 읽을 수 있다. 운용원이 내린 명령은 위성 링크를 거쳐 몇 분의 1초 만에 리퍼에 전달된다.

> **"—— 미 공군은 무선 조종 비행기의 엄청난 전략적·문화적 함의를 깨달아야 한다.**
>
> **- 로버트 게이츠Robert Gates 미 국방장관, 2011년 3월**

MQ-9 리퍼는 2007년 9월에 이라크에 배치되었고 아프가니스탄우루즈간Uruzgan주의 게릴라들을 상대로 첫 전과를 올렸다. 리퍼가 미 공군 작전에 완전히 통합되어 유인기와 더불어 임무 수행에 나서는

헬파이어 미사일

원래 대장갑차량용으로 설계된 AGM-14 헬파이어는 ASM(air-to-surface missile, 공대지미사일) 이었지만 현재는 다용도로 이용되고, 다중 표적에 발사할 수 있으며, 정밀 타격 능력이 있을 뿐 아니라 공중, 해상, 지상 플랫폼에서 모두 발사할 수 있다.
헬파이어라는 이름은 원래의 요구사양인 HELicopter Launched FIRE-and forget weapon(헬리콥터 발사 후 망각형 무기)에서 온 것이다. 헬파이어 II 미사일은 1990년대에 개발되었으며 그 후 발사 플랫폼에서 목표에 조사한 레이저 빔이 반사되면 그 반사 빔을 따라 유도되는 반능동식 레이저 유도 장치를 탑재한 변형이 여러 종 제작되었다. 무게 48킬로그램, 탄두 무게 9킬로그램이며 사정거리 4.8킬로미터인 헬파이어 II 미사일은 현재 프레데터와 리퍼 무인기에 탑재되어 있다.

경우도 흔하다. 뉴욕 주방위군 소속 제174전투비행단이 F-16 전투기를 리퍼로 대체하기 시작한 데서 미래에 일어날 상황을 짐작해볼 수 있다. 기종 전환 작업이 끝나면 이 비행단은 전 보유기가 무인기인 첫 부대가 될 것이다. 2011년 3월경 미 공군이 단일 무기체계를 기준으로 가장 많은 인원을 훈련하고 있는 분야는 고등 무인기 조종사 훈련이다.

사이버 전쟁

(1982~2012)

전쟁의 다섯 번째 영역

21세기 들어 현대인의 삶 전면에 영향을 끼친 사건인 컴퓨터 혁명은 전쟁의 양상을 완전히 바꿔놓았다. 각국의 군대는 19세기 말 산업혁명기에 그랬던 것처럼 자신의 필요에 따라 적극적으로 현대의 급격한 기술 혁신을 받아들였다.

오늘날 산업, 국력, 재정, 교통, 통신, 보건과 안전 기반시설 등 선진사회의 생존은 정보기술에 크게 의존하고 있지만 정보기술 자체는 외부의 적과 적대적 정보기관의 급습에 매우 취약하다. 육상, 해상, 항공우주에 이어 전쟁의 다섯 번째 영역으로 특정된 사이버 공간에서는 국민국가가 여전히 주요 행위자이지만 전적으로 그렇지만은 않다. 사실 사이버 공간 도메인에 엄청난 자원을 투입하는 중국에서는 국가가 범죄인을 대리인으로 내세우고 그 뒤에서 은밀한 일을 하고 있다는 의혹이 있다.

• 인터넷

인터넷이라는 무대에서는 적과 아군을 분간하기가 어렵다. 더욱이 인터넷은 여전히 잠재적으로 취약한 도구다. 디지털 트래픽의 90퍼센트 이상이 해저 광케이블을 통해 전송되는데 이 케이블들은 뉴욕 앞바다, 홍해, 필리핀의 루손 해협 등 몇몇 취약한 병목 지역에 모여 있다.

사이버 공간이 전장이 된 시기는 1982년 6월로 거슬러 올라간다. CIA는 소련 스파이가 캐나다 회사에서 훔쳐 가스 파이프라인을 통제하는 데 사용한 컴퓨터 제어 소프트웨어를 파괴했다. 이른바 '논리 폭탄logic-bomb'이 선보인 초기 사건이었다. CIA의 공작으로 펌프와 밸브 설정이 뒤엉키는 바람에 시베리아에서 대규모 폭발이 일어났고, 미국 조기경보 위성들이 폭발을 추적 관찰했다.

> **"—— 만약 영국이 공습을 받던 시절에 월드와이드웹이 있었다면 독일은 하늘에서처럼 우리를 인터넷에서 공격하고 우리도 똑같이 되갚아 주었을 것이다.**
>
> **- 데이비드 베츠David Betz 박사, 런던 킹스칼리지 전쟁연구학부, 2008년**

• 사이버 전쟁

최초의 사이버 전쟁으로 자주 인용되는 사건은 2001년 4월에 미군

EP-3 아리에스 IIAries II 스파이 비행기가 남중국해에서 중국 전투기와 충돌한 다음 벌어졌다. 사건 후 몇 주 동안 중국과 미국에 있는 수천 개의 웹사이트가 변조되거나 해커의 공격을 받았다.

정부 기관이나 그 하수인이 개입하면 판돈이 더 커졌다. 사이버 전쟁은 2006년에 이스라엘이 시아파 무장단체인 헤즈볼라를 처치하기 위해 레바논을 침공했을 때 중요한 역할을 했다. 이스라엘 국방군IDF 정보부는 허위 정보 전술을 이용해 헤즈볼라의 지원을 받는 텔레비전과 라디오 방송국을 무력화하고 헤즈볼라 웹사이트에 서비스 거부 공격을 벌였다.

2007년에는 논란거리가 된 전쟁기념물인 탈린의 청동병사Bronze Soldier of Tallinn를 이전한 후 에스토니아가 러시아로부터 사이버 공격을 받았다. 에스토니아 정부 부처, 은행과 언론매체가 주요 공격목표였다. 2008년 8월, 단기간 지속된 남오세티야 전쟁에서 러시아군은 공습 및 병력 이동과 동시에 구 소련 국가인 조지아에 사이버 공격을 개시했다.

미국도 사이버 공격에 안전하지는 않았다. 2009년 4월에 중국과 러시아가 미국의 송전망에 침투해 시스템의 작동을 방해할 소프트웨어를 심었다는 보고가 수면에 떠올랐다. 버락 오바마 대통령은 미국의 디지털 기간시설이 '전략적 국가자산'임을 선언했고, 2010년에 국방부는 키스 알렉산드로스Keith Alexander 국가안보국NSA 국장 휘하에 사이버전 사령부CYBERCOM를 설치했다. 그의 업무는 '전 분야를 망라한' 작전(미군 네트워크 방어와 다른 나라 네트워크 공격)을 세우는 것이었다. 다만 정확히 어떤 방법인지는 지금도 비밀이다. 영국도 영국판 NSA인 GCHQ(Government Communications Headquarters, 정부통신본부)에 기반을 둔 독자적 사이버 보안기구를 보유하고 있다. 2007년 전쟁기념물 사건 뒤 나토는 에스토니아 수도 탈린에 합동 사이버 방어 최고사령부 Cooperative Cyber Defence Centre of Excellence를 설립했다.

> **" —— 중국 인민해방군은 '정보전 부대'를 이용해 적 컴퓨터 시스템과 네트워크를 공격할 바이러스를 개발하고 있으며, 이 부대에는 민간 부문의 컴퓨터 전문가들도 참여하고 있다.**
>
> \- 미 국방부 보고서, 2010년

아대륙의 사이버 전쟁

인도 아대륙의 지역적 경쟁 관계는 사이버 전쟁 촉발로 이어졌다. 2010년 11월, 자칭 인도 사이버군이라고 하는 한 집단이 파키스탄군이 통제하는 사이트들과 파키스탄 정부 부서들을 해킹했다. 이 공격은 2008년 뭄바이 대학살에 파키스탄 테러리스트들이 연루된 데 대한 대응으로 시작되었다. 한 달 뒤, 이른바 파키스탄 사이버군이 인도의 가장 중요한 수사기관인 중앙수사국CBI 웹사이트를 해킹하는 것으로 보복했다.

· 중국의 사이버 스파이

중국 정부는 21세기 말까지 사이버 패권을 달성하는 것을 목표로 삼고 있지만 사이버 스파이에 연루되어 있다는 의혹은 강하게 부인하고 있다. 그러나 2009년에 중국이 3천억 달러 규모의 통합 타격 전투기Joint Strike Fighter 프로그램을 해킹하는 데 성공했다는 것을 의심하는 사람은 거의 없다. 엄청난 고속 성장을 추진하는 중국의 입장에서는 미국의 군사 분야와 산업계에 침투해 얻을 수 있는 것이 많다. 반면 미국 입장에서는 중국에서 얻을 수 있는 것이 상대적으로 적지만, 미국 정보당국이 중국 정보당국을 면밀히 감시하는 데는 타당한 지정학적 이유가 있다.

군사 지휘관들에게 현대 기술은 축복인 동시에 저주다. 크루즈 미사일과 스마트 폭탄을 GPS와 인공위성으로 유도하며, 네바다에서 원격 조종하는 드론으로 아프가니스탄의 탈레반을 공격한다. 군용 항공기와 함선은 이제 거대한 데이터 처리 센터다. '보잘것없는 보병'조차도 네트워크로 연결되어 있다. 그러나 안전하지 않은 인터넷 연결이 점점 많아지는 현상으로 인해 e-공격이 들어올 경로도 기하급수적으로 늘어나고 있다.

· 스턱스넷

'Malicious software(악의적 소프트웨어)'의 약어인 멀웨어Malware는 목

e-위협

범죄와 전쟁 사이의 경계선이 모호해지는 것은 불길한 사건이지만 새로운 현상은 아니다. 필연적으로 전문가들 사이에서도 사이버 전쟁이 가하는 위협에 대한 의견이 분분하다. 어떤 이들은 장기화된 e-공격으로 현대 사회의 붕괴가 가속화될 것이라고 예언한다. 1930년대 유럽 수도들에 대한 전략폭격이 가져올 파괴적 효과를 두고 각국 정부의 우려가 우려했던 상황을 떠올리게 만드는 시나리오다. 나중에 이 시나리오는 '폭격기는 결국 언제나 뚫고 들어온다'라는 말로 입증되었다. 오늘날 해커는 종종 노트북 컴퓨터만으로도 비슷한 정도의 위협을 가한다. 그럼에도 사이버 공격은 결정적 무기가 아니라 제한된 목표를 달성할 의도로 적의 반응을 지연하고 방해하는 수단이다. 이런 맥락에서 자주 제기되는 시나리오가 중국이 미국과 실전을 치르지 않고도 사이버 공격으로 대만을 점령하는 사태다.

표 컴퓨터 시스템을 파괴 또는 방해하거나 정보 수집을 위해 침투하도록 설계된 프로그램의 일종이다. 스턱스넷Stuxnet 웜은 특정 산업 시스템을 감시하고 전복하도록 프로그래밍된 복잡한 멀웨어로, 산탄총이라기보다 저격소총처럼 작동한다.

2009~2010년에 스턱스넷의 주된 목표는 이란의 나탄즈Natanz에 있는 우라늄 농축 공장이었다. 표면적으로는 민간 에너지용 프로그램이었지만 결국 핵무기 개발의 전주곡이 아니냐고 의심받았다. 감염된 메모리 스틱을 통해 침투한 것으로 추정되는 스턱스넷은 나탄즈 공장의 원심분리기 속도를 바꿨고, 결국 원심분리기 약 1,000대가 철거 후 제거되었다. 스턱스넷은 이란 핵 개발을 2, 3년 후퇴시키는 효과를 거뒀다. 이 공격의 배후에는 미국의 도움을 받은 이스라엘 정보부가 있었다.

세계사를 바꾼 50가지 전쟁 기술

초판 1쇄 발행 2024년 4월 25일
초판 3쇄 발행 2024년 12월 18일

지은이 로빈 크로스
옮긴이 이승훈
펴낸이 김종길
펴낸 곳 글담출판사 **브랜드** 아날로그

기획편집 이경숙 · 김보라 **영업** 성홍진 **홍보** 김지수
디자인 손소정 **관리** 이현정

출판등록 1998년 12월 30일 제2013-000314호
주소 (04029) 서울시 마포구 월드컵로8길 41 (서교동 483-9)
전화 (02) 998-7030 **팩스** (02) 998-7924
블로그 blog.naver.com/geuldam4u **이메일** geuldam4u@geuldam.com

ISBN 979-11-92706-21-4 (03390)

* 책값은 뒤표지에 있습니다.
* 잘못된 책은 바꾸어 드립니다.

만든 사람들
책임편집 김보라 **디자인** 손소정 **교정교열** 오지은

글담출판에서는 참신한 발상, 따뜻한 시선을 가진 원고를 기다리고 있습니다.
원고는 아래의 투고용 이메일을 이용해 보내주세요. 여러분의 소중한 경험과 지식을 나누세요.
이메일 to_geuldam@geuldam.com